# 预拌混凝土质量控制实用指南

姚大庆 于 明 主 编

韩小华 董晓明 高金枝 李彦昌 副主编

中国建材工业出版社

图书在版编目（CIP）数据

预拌混凝土质量控制实用指南 / 姚大庆，于明主编
-- 北京：中国建材工业出版社，2014.8
　ISBN 978-5160-0800-3

　Ⅰ. ① 预… Ⅱ. ① 姚… ② 于… Ⅲ. ① 预拌混凝土
—混凝土质量—质量控制—指南 Ⅳ. TU528.520.7-62

中国版本图书馆CIP数据核字（2014）第071894号

## 内容简介

　　本书依据国家与行业现行混凝土工程质量控制的相关规范、标准，并结合众多优秀的预拌混凝土企业的质量管理经验编著而成。全书分为五章：第一章概述，第二章原材料管理，第三章试验管理，第四章生产过程管理，第五章仪器设备管理，书后附有标准、规范、规程管理一览表。全书对预拌混凝土生产、运输及交付全过程中的质量控制因素和控制方法进行了归纳、分析。

　　本书语言简洁、浅显易懂，图文并茂地介绍了预拌混凝土质量控制的管理要素与标准化的控制方法，并提供了范例，为预拌混凝土企业的管理者和相关岗位工作人员提供了一本实用价值高、可操作性强的工具书。

**预拌混凝土质量控制实用指南**
　　　　　　姚大庆 于 明 　主 编
韩小华 董晓明 高金枝 李彦昌 　副主编

出版发行：中国建材工业出版社
地　　址：北京市西城区车公庄大街6号
邮　　编：100044
经　　销：全国各地新华书店
印　　刷：北京美图印务有限公司
开　　本：787mm×1092mm　1/16
印　　张：10.5
字　　数：268千字
版　　次：2014年8月第1版
印　　次：2014年8月第1次
定　　价：108.00元

本社网址：www.jccbs.com.cn　微信公众号：zgjcgycbs

# 编 委 会

# 前　言

　　混凝土是最大宗使用的建筑与土木工程结构材料。经过30多年改革开放和经济社会发展，我国建筑和土木工程不仅数量巨大，而且高层和超高层建（构）筑物、大型和超大型桥梁、隧道、港口、大坝等工程结构不断涌现，这些工程建设直接推动了我国预拌混凝土行业的迅猛发展。遗憾的是，在这种快速发展中，不时出现因为混凝土质量问题造成的结构安全性和耐久性问题。预拌混凝土行业要把"百年大计、质量第一"作为自己的行为准则。

　　混凝土生产和施工的工艺装备并不太复杂，但是，原材料品质、生产、运输过程控制及浇筑施工等各个流程环节都对其质量有重要影响。混凝土的生产从现场搅拌、工场化集中搅拌，发展到今天的绿色工厂化生产，质量管理也从粗放式向精细化管理发展。在质量管理方面，我国发达地区的预拌混凝土行业积累了丰富的实践经验，质量控制水平不断提高，满足了许多标志性重点工程严格的质量技术要求。为促进预拌混凝土行业质量管理技术进步，中国混凝土与水泥制品协会邀请了一批优秀企业的资深专家编写本书，向全行业推荐，交流和分享先进的预拌混凝土企业生产质量控制经验。

　　混凝土工程质量管理涉及建设、交通、水利、铁路、建材等多个领域的相关标准。在编写过程中，作者们对现行的混凝土工程质量控制规范、规程及标准中出现的相互矛盾或界线责任不清的情况，进行了深入地讨论和分析，并在书中为工程技术人员提供了明确的标准执行原则。在实际工作中，国家和行业标准未给出明确规定条款的地方，主要参考北京地区的混凝土行业质量管理规程进行编写。本书在总结众多优秀预拌混凝土企业的管理经验基础上，对预拌混凝土原材料管理、试验与检验管理、生产过程管理及设备管理过程中影响质量的因素及控制方法进行全面归纳和深入分析。

本书语言简洁、浅显易懂,图文并茂地介绍了预拌混凝土质量控制的管理要素与标准化控制方法,并提供了参考案例,为预拌混凝土企业的管理者和相关岗位工作人员提供了一本实用价值高、可操作性强的工具书。当然,技术和管理创新在不断发展,预拌混凝土材料与工程质量管理技术水平也将不断提升,相信在本书的下一版中将会有更多先进的质量管理经验大量涌现。

编者

2014.5.10

# 目 录

## 第一章 概述

第一节 预拌混凝土行业特点及产品特点 ························· 1

第二节 预拌混凝土产品质量指标及影响因素 ··················· 2

第三节 预拌混凝土质量控制基本要求 ························· 10

## 第二章 原材料管理

第一节 原材料进场管理 ································· 13

第二节 原材料现场管理 ································· 19

第三节 原材料主要技术指标 ····························· 23

第四节 原材料清仓管理办法 ····························· 34

第五节 不合格原材料管理办法 ··························· 34

## 第三章 试验管理

第一节 原材料试验 ··································· 35

第二节 普通混凝土配合比试验 ··························· 70

第三节 混凝土试验 ··································· 84

## 第四章 生产过程管理

第一节 配合比的传递 ································· 113

第二节 混凝土的开盘 ································· 118

第三节 混凝土的搅拌 ································· 121

第四节 混凝土配合比调整 ······························ 122

第五节 配料秤的自检 ································· 124

第六节 混凝土出厂检验 ································· 128

第七节 混凝土运输、泵送 ······························ 131

第八节 混凝土现场质量控制 ………………………………………… 134

第九节 剩退混凝土的调整与处置 …………………………………… 135

第十节 预拌混凝土企业的服务 ……………………………………… 138


## 第五章 仪器设备管理

第一节 生产设备 ……………………………………………………… 139

第二节 试验设备 ……………………………………………………… 142

第三节 设备自校 ……………………………………………………… 145

第四节 试验设备使用管理……………………………………………… 153


## 附录

现行标准、规范、规程管理一览表 ………………………………… 157


## 参考文献 ……………………………………………………………… 160

# 第一章 概述

## 第一节 预拌混凝土行业特点及产品特点

### 一、预拌混凝土行业特点

中国的预拌混凝土行业起始于20世纪70年代末期,20世纪90年代蓬勃发展。它是现代混凝土技术发展史上的重大进步,是建筑施工走向机械化的重要标志,是混凝土生产由简单粗放型生产向集约化大生产的转变。它实现了预拌混凝土生产的专业化、商品化和社会化。

预拌混凝土行业具有的一般特性如下:

(1)季节性:整个建筑工程(包括公路、桥梁、港口码头、油田矿井等)行业施工受季节影响较大,所以预拌混凝土行业也受季节性影响较大。

(2)地域性:混凝土原材料受到地材、环境、运输半径的局限等限制,区域市场价格差异较大。

(3)周期性:混凝土用量受当地建筑工程施工及基础建设规模的影响,具有一定的周期性。

(4)规模效应:与一般工业企业类似,产能越高,企业规模优势越明显。

(5)产品同质化严重:预拌混凝土产品具有很强的同质性,不同企业所提供的产品可以相互替代。

### 二、预拌混凝土产品特性

预拌混凝土是指在搅拌站(楼)生产的、通过专用运输设备送至使用地点的、交货时为拌和物的混凝土。预拌混凝土分为常规品和特制品。

预拌混凝土具有以下几个特性:

1. 半成品性

预拌混凝土交货时呈拌和物状态,需要在施工地点经过浇筑、振捣、养护等工艺过程,才能成为结构成品,其硬化后质量受到施工工艺、施工技术水平和环境等因素影响,预拌混凝土硬化后性能无法在施工交付时确认。因此,相对最终使用状态和其他工业产品而言,预拌混凝土属于"半成品"。

2. 可塑性

预拌混凝土具有可塑性。随着建筑结构形式的复杂化、多样化,施工过程中对混凝土和易性、可泵性、模板充盈能力等都有更高要求。

3. 时效性

受到混凝土凝结时间的限制,预拌混凝土应在失去塑性之前完成浇筑全过程。

4. 质量因素复杂性

影响预拌混凝土质量因素涉及原材料质量及判定时间的滞后性、产品设计、生产过程控制等各个环节,混凝土自拌合起随环境和时间的变化,其拌和物的物理化学性能也在不断变化中。因此,影响预拌混凝土质量因素较为复杂并有一定的不确定性。

预拌混凝土生产集中、设备工艺先进、计量准确,便于实现现代化专业管理,能满足工程设计的各种要求,有利于新技术、新材料的推广应用;有利于散装水泥、工业废渣和城市废弃物的综合利用;有利于绿色生产和节约资源,符合当代循环经济和可持续发展的需要。

# 第二节 预拌混凝土产品质量指标及影响因素

《预拌混凝土》GB/T 14902对预拌混凝土的产品质量检测项目、指标要求和评价方法等做出了明确规定。

标准明确指出:在进行混凝土出厂质量检验或控制时,常规品应检验混凝土强度、拌和物和易性和设计要求的耐久性。特制品除上述项目外,还应按相关标准和合同规定检验其他项目。具体质量指标与评定标准应符合相应的现行国家标准或行业规范要求。

## 一、和易性指标

### (一)指标内容

在预拌混凝土生产质量控制过程中,坍落度或扩展度是评价混凝土拌和物和易性的可量化的指标。预拌混凝土拌和物的坍落度或扩展度可按其大小分为不同等级(表1-1和表1-2),在实际工程中可根据具

**表 1-1 混凝土拌和物的坍落度等级划分**

| 等级 | 坍落度/mm |
|---|---|
| S1 | 10 ~ 40 |
| S2 | 50 ~ 90 |
| S3 | 100 ~ 150 |
| S4 | 160 ~ 210 |
| S5 | ≥ 220 |

**表 1-2 混凝土拌和物的扩展度等级划分**

| 等级 | 扩展直径/mm |
|---|---|
| F1 | ≤340 |
| F2 | 350 ~ 410 |
| F3 | 420 ~ 480 |
| F4 | 490 ~ 550 |
| F5 | 560 ~ 620 |
| F6 | ≥ 630 |

体结构和施工工艺要求选择适宜的等级。当有特殊要求时，混凝土坍落度应满足相关标准规定和施工要求，比如自密实混凝土扩展度控制目标值不宜小于550mm，并应满足施工要求。

坍落度和扩展度的实测值与控制目标值的允许偏差应符合表1-3的规定，坍落度经时损失不宜大于30mm/h，但时间的增长，坍损会增大，以满足现场施工要求为准。

**表 1-3 混凝土拌和物稠度允许偏差**

| 坍落度/mm | | | |
| --- | --- | --- | --- |
| 控制目标值 | ≤ 40 | 50 ～ 90 | ≥ 100 |
| 允许偏差 | ± 10 | ± 20 | ± 30 |

| 扩展度/mm | |
| --- | --- |
| 控制目标值 | ≥350 |
| 允许偏差 | ± 30 |

## （二）影响因素

### 1. 原材料

（1）水泥：水泥需水量越大，混凝土拌和物的流动性就越小；水泥的细度越大，则需水量越大，同样水胶比条件下混凝土的流动性就越差。水泥细度越大，拌和物的坍落度损失越大。水泥温度越高，混凝土的流动性可能会变差，而且，坍落度或扩展度的经时损失也会加快。

（2）外加剂：目前，改善混凝土和易性的常用外加剂主要有减水剂、泵送剂和引气剂，它们能使混凝土在不增加用水量的条件下增大流动性，并具有良好的粘聚性和保水性。通常采用后掺法、多次掺入法或在浇筑前掺入减水剂的方法，可减少坍落度经时损失对混凝土和易性的影响。应注意，水泥与减水剂的相容性不好时，坍落度的经时损失会较大。

（3）掺和料：掺入适当比例的优质粉煤灰可显著改善混凝土拌和物的和易性。需要注意的是，如果粉煤灰的烧失量或需水量较大，则会导致混凝土的流动性变差。

混凝土中掺入适量的磨细矿渣粉，可提高拌和物的粘聚性和流动性。

混凝土中掺入硅灰、沸石粉可以明显改变混凝土的需水量，低掺量时能减少混凝土离析泌水，增加粘聚性。

（4）骨料：粗骨料的颗粒较大、粒形较圆、表面光滑、级配较好时，混凝土拌和物的流动性相对较大。卵石表面光滑，碎石粗糙且多棱角，因此卵石配制的混凝土流动性较好，但粘聚性和保水性则相对较差。河砂与机制砂的差异与上述相似。

级配良好的砂石骨料总表面积和空隙率小，对拌和物的流动性有利。对级配符合要求的砂石料来说，粗骨料粒径越大、砂子的细度模数越大，则流动性越大，但粘聚性和保水性有所下降。

### 2. 配合比

（1）单位用水量：单位用水量是影响混凝土流动性的决定因素之一。一般情况下，用水量增大，流动性随之增大。但用水量过高会导致保水性和粘聚性变差。

（2）水胶比和浆骨比：水胶比大小直接影响水泥浆的稠度，在水泥用量不变的情况下，水胶比增大可使水泥浆和拌和物流动性增大。合理的水胶比是混凝土拌和物流动性、保水性和粘聚性的重要保证，应根据混凝土强度和耐久性要求合理选用。

在水胶比一定的前提下，浆骨比越大，混凝土拌和物的流动性越好。合理的浆骨比是混凝土拌和物和易性的良好保证。

（3）砂率：砂率的变动会使骨料的空隙率和总表面积发生显著改变，因此对混凝土拌和物的和易性产生显著影响。

在水泥用量和水胶比一定的条件下，砂率在一定范围内增大，有助于改善混凝土拌和物的流动性。砂率增大，粘聚性和保水性增加；但砂率过大，在水泥浆含量不变的情况下，混凝土拌和物的流动性会变差。另一方面，砂率过小，则混凝土的粘聚性和保水性均下降，可能产生泌水、离析和流浆现象。

影响合理砂率的因素很多，简要地说，粗骨料最大粒径大、级配良好、表面较光滑时，可采用较小的砂率；砂的细度模数较小时，可采用较小的砂率；水胶比小、水泥浆较稠时，胶凝材料越高时，可采用较小的砂率；施工要求的流动性较大时，需采用较大的砂率；当掺用引气剂或减水剂等外加剂时，可适当减小砂率；在保证拌和物不离析、能很好泵送浇灌捣实的前提下，应尽量选用较小的砂率。

3. 时间和环境

混凝土拌和物会随着胶凝材料的不断水化及骨料的吸水和水份的不断蒸发而逐渐变得干稠，流动性变小。环境温度高，坍落度损失增大。拌和物所处的环境湿度小、风速大时，也会加大拌和物的坍落度损失。因此，施工中为保证一定的和易性，必须注意环境温湿度的变化，采取相应的措施。

另外，在混凝土出场质量控制过程中，要观察混凝土拌和物的粘聚性及保水性。粘聚性的检查方法是用捣棒在已坍落的混凝土锥体侧面轻轻敲打，此时如果锥体逐渐下沉，则表示粘聚性良好；如果锥体倒塌、部分崩裂或出现离析现象，则表示粘聚性不好。保水性以混凝土拌和物稀浆析出的程度来评定，坍落度筒提起后如有较多的稀浆从底部析出，锥体部分的混凝土也因失浆而骨料外露，则表明此混凝土拌和物的保水性能不好；如坍落度筒提起后无稀浆或仅有少量稀浆自底部析出，则表示此混凝土拌和物保水性良好。另外，如果发现粗骨料在中央集堆或边缘有水泥浆析出，表示此混凝土拌和物抗离析性不好。

## 二、抗压强度指标

### （一）指标内容

混凝土抗压强度应满足设计要求，检验评定应符合现行国家标准《混凝土强度检验评定标准》GB/T 50107的规定。

### （二）影响因素

影响混凝土抗压强度的主要因素有：原材料性能、混凝土配合比、搅拌与振捣、养护条件、龄期和试验条件等。

1. 水泥和水胶比

当混凝土所用材料和配合比基本相同时，水泥强度和水胶比是影响混凝土抗压强度的主要因素。混凝土抗压强度与水胶比成反比。

2. 外加剂

在混凝土中掺入减水剂，可在保证相同流动性的前提下，减少用水量，降低水胶比从而提高混凝土的抗压强度。通常情况下，掺入早强剂，可在一定程度上提高混凝土早期强度，但28d后期强度有可能下降。缓凝剂使混凝土早期强度发展缓慢，但混凝土的后期强度会稳步增长甚至超过不掺缓凝剂的混凝土。掺引气剂通常会导致混凝土抗压强度降低，混凝土中含气量每增加1%，混凝土抗压强度降低2%~6%。

3. 矿物掺和料

不同矿物掺和料由于其矿物组成、水化活性和颗粒细度不同，对混凝土抗压强度发展的影响也不同。矿渣、粉煤灰对混凝土强度的影响与其掺量有很大关系。

掺硅灰的混凝土强度在整个龄期均高于纯水泥混凝土。掺矿渣、粉煤灰混凝土的早期强度明显低于混凝土，而其后期强度尤其是60d、90d会有所增加。

4. 骨料

骨料的影响主要包括骨料最大粒径、表面特征、孔隙率、级配和强度等几个方面。

增大骨料粒径会对低水胶比的高强混凝土产生不利影响，但对大水胶比混凝土来说影响不大。

对于普通混凝土，骨料的颗粒形状和表面粗糙度对强度影响较为显著。通常碎石混凝土抗压强度高于卵石配制的同配比混凝土抗压强度。

当粗骨料中针片状含量较高时，将降低混凝土的抗压强度，对抗折强度的影响更显著，所以在选择骨料时要尽量选用接近球状体的颗粒。

对于普通混凝土，骨料强度对混凝土强度的影响不大，但对于轻骨料混凝土和高强度混凝土，骨料的强度会直接影响混凝土抗压强度。

骨料含泥量和泥块含量较大时，会对强度的产生不利影响。

5. 搅拌与振捣

一般来说，机械搅拌比人工搅拌所成型的混凝土匀质性好，其抗压强度相对较高；搅拌时间越长，混凝土匀质性越好，则强度越高。采用机械振捣通常比人工振捣均匀密实，强度也略高。此外，高频振捣和二次振捣工艺等，均有利于提高混凝土强度。

6. 养护条件

混凝土浇筑成型后的养护温度、湿度是决定混凝土强度发展的主要外部因素。养护环境温度高，混凝土强度发展快，早期强度也高。空气相对湿度低，混凝土中的水分挥发加快，不利于强度的进一步发展。因此，应特别加强混凝土早期的潮湿养护，确保混凝土不会因过多失水而影响水泥的正常水化。

7. 龄期

随着养护龄期的增长，混凝土强度也随之提高。对于普通混凝土，最初的7d内强度增长较快，而后增幅变慢，28d以后，强度增长更趋缓慢，增长幅度与矿物掺和料的品种与掺量有关。对于大体积混凝土及大掺量矿物掺和料混凝土来说，经设计同意，可采用60d或90d强度为验收依据。

8.试验条件

对混凝土强度测试结果的影响主要是混凝土试件尺寸、形状、表面状态、加荷速度和含水状态等。

（1）试验尺寸：试件的尺寸越小，测得的强度相对越高。因此，《混凝土强度检验评定标准》GB/T 50107规定：混凝土强度等级小于C60，采用非标准尺寸试件时，要乘以尺寸换算系数。边长100mm立方体试件的抗压强度换算成150mm标准立方体试件时，应乘以系数0.95；200mm的立方体试件的尺寸换算系数则为1.05。当混凝土强度等级大于或等于C60时，采用非标准试件的尺寸换算系数应由试验确定。

（2）试件形状：首先是棱柱体和立方体试件之间的强度差异，由于"环箍效应"的影响，棱（圆）柱体强度较低。

（3）表面状态：表面平整，则受力均匀，强度测试值较高；而表面粗糙或凹凸不平，则受力不均匀，强度偏低。若试件表面涂润滑剂及其他油脂物质时"环箍效应"减弱，强度较低。

（4）加荷速度：混凝土试件在试压时，加荷速度越大，强度越高。

（5）含水状态：混凝土试件含水率较高时，强度较低；而混凝土干燥时，则强度较高。且混凝土强度等级越低，这种差异越大。

# 三、耐久性指标

## （一）指标内容

混凝土耐久性能应满足设计要求，检验评定应符合现行行业标准《混凝土耐久性检验评定标准》JGJ/T 193的规定。在一般的混凝土结构工程，常见的耐久性指标主要是抗冻等级、抗渗等级等（表1-4～表1-8）。对钢筋锈蚀的评价常常通过水溶性氯离子含量进行控制，当采用其他耐久性指标对耐久性进行评价时可依据相关标准规定执行。

**表 1-4　混凝土抗冻性能、抗水渗透性能和抗硫酸盐侵蚀性能的等级划分**

| 抗冻等级（快冻法） | 抗冻标号（慢冻法） | 抗渗等级 | 抗硫酸盐等级 |
|---|---|---|---|
| F50 | F250 | D50 | P4 | KS30 |
| F100 | F300 | D100 | P6 | KS60 |
| F150 | F350 | D150 | P8 | KS90 |
| F200 | F400 | D200 | P10 | KS120 |
| >F400 | | >D200 | P12 | KS150 |
| | | | >P12 | >KS150 |

混凝土的含气量对其抗冻性能影响很大。因此，在配制有抗冻性要求的混凝土时，常常提高其含气量，但并不是含气量越高越好，通常情况下，实测值不宜大于7%，与设计值的允许偏差不宜超过±1.0%。

### 表 1-5　混凝土抗氯离子渗透性能的等级划分（RCM法）

| 等级 | RCM-Ⅰ | RCM-Ⅱ | RCM-Ⅲ | RCM-Ⅳ | RCM-Ⅴ |
|---|---|---|---|---|---|
| 氯离子迁移系数$D_{RCM}$（RCM法）/（$\times 10^{-12}m^2/s$） | $D_{RCM} \geq 4.5$ | $3.5 \leq D_{RCM} < 4.5$ | $2.5 \leq D_{RCM} < 3.5$ | $1.5 \leq D_{RCM} < 2.5$ | $D_{RCM} < 1.5$ |

注：混凝土测试龄期为84d。

### 表 1-6　混凝土抗氯离子渗透性能的等级划分（电通量法）

| 等级 | Q-Ⅰ | Q-Ⅱ | Q-Ⅲ | Q-Ⅳ | Q-Ⅴ |
|---|---|---|---|---|---|
| 电通量$Q_S/C$ | $Q_S \geq 4000$ | $2000 \leq Q_S < 4000$ | $1000 \leq Q_S < 2000$ | $500 \leq Q_S < 1000$ | $Q_S < 500$ |

注：混凝土试验龄期宜为28d。当混凝土中水泥混合材与矿物掺和料之和超过胶凝材料用量的50%时，测试龄期可为56d。

### 表 1-7　混凝土抗碳化性能的等级划分

| 等级 | T-Ⅰ | T-Ⅱ | T-Ⅲ | T-Ⅳ | T-Ⅴ |
|---|---|---|---|---|---|
| 碳化深度$d$/mm | $d \geq 30$ | $20 \leq d < 30$ | $10 \leq d < 20$ | $0.1 \leq d < 10$ | $d < 0.1$ |

### 表 1-8　混凝土耐久性指标与耐久性检测

| 序号 | 耐久性指标 | 耐久性检测 |
|---|---|---|
| 1 | 抗渗性 | 渗水高度法：用于以测定混凝土在恒定水压力下的平均渗水高度来表示的混凝土抗水渗透性能 |
| | | 逐级加压法：用于通过逐级施加水压力来测定以抗渗等级来表示的混凝土的抗水渗透性能 |
| 2 | 抗冻性 | 混凝土抗冻标号：用慢冻法测得的最大冻融循环次数来划分的混凝土抗冻性能等级 |
| | | 混凝土抗冻等级：用快冻法测得的最大冻融循环次数来划分的混凝土抗冻性能等级 |
| 3 | 抗侵蚀性 | 电通量法：用通过混凝土的电通量来反应混凝土抗氯离子渗透性能 |
| | | 快速氯离子迁移系数法：通过测定混凝土中氯离子渗透深度，计算得到氯离子迁移系数来反映混凝土抗氯离子渗透性 |
| | | 抗硫酸盐等级：用抗硫酸盐侵蚀试验方法测得的最大干湿循环次数来划分的混凝土抗硫酸盐侵蚀性能等级 |
| 4 | 混凝土的碳化 | 进行混凝土碳化试验，根据碳化时间与深度曲线评价混凝土抗碳化能力 |
| 5 | 碱-骨料反应 | 采用混凝土棱柱体法进行混凝土碱-骨料反应评价，混凝土生产控制时根据骨料的碱活性等级控制混凝土碱总量 |

混凝土拌和物中水溶性氯离子最大含量实测值应符合表1-9的规定。

### 表 1-9　混凝土拌和物中水溶性氯离子最大含量实测值

| 环境条件 | 水溶性氯离子最大含量（%，水泥用量的质量百分比） | | |
|---|---|---|---|
| | 钢筋混凝土 | 预应力混凝土 | 素混凝土 |
| 干燥环境 | 0.3 | | |
| 潮湿但不含氯离子的环境 | 0.2 | 0.06 | 1.0 |
| 潮湿而含有氯离子的环境、盐渍土环境 | 0.1 | | |
| 除冰盐等侵蚀性物质的腐蚀环境 | 0.06 | | |

### （二）影响因素

混凝土结构的耐久性主要影响因素除混凝土自身性能外，还包括钢筋质量、施工操作质量、温湿养护条件和使用环境等（图1-1）。混凝土在气候影响、化学侵蚀、磨蚀或其他在长期使用过程中，在人为和自然环境的作用下、内部随着时间的变化发生的材料老化与损伤，这些作用都有可能导致混凝土发生冻融破坏、碱-骨料反应、混凝土碳化、钢筋锈蚀、磨蚀、化学侵蚀等反应，致使混凝土的承载力下降、刚度降低、开裂或外观损伤等，最终影响其使用性能。

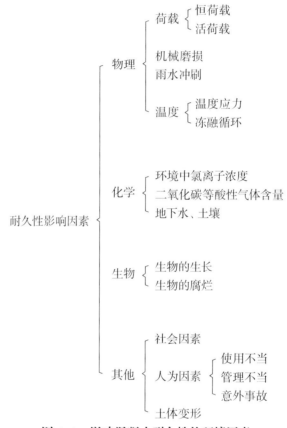

**图 1-1　影响混凝土耐久性的环境因素**

混凝土的微裂缝和孔隙是引起混凝土劣化的初因，孔结构和微裂缝形态不良会造成气体、水、化学反应中溶解物、有害物质在混凝土孔隙和裂缝中的迁移，迁移导致混凝土产生物理和化学方面的劣化和钢筋锈蚀的劣化，最终影响混凝土耐久性。

除了力学损伤，混凝土劣化的过程其实都是侵蚀性物质在混凝土内部迁移的过程。因此，要提高混凝土的耐久性，对其自身来说，主要是提高混凝土密实度或抗渗透性，以降低侵蚀性介质在混凝土内部迁移的程度。可以通过控制以下指标使裸露混凝土构件达到足够的耐久性：混凝土抗压强度、最大水胶比、最小水泥用量、最小混凝土保护层厚度、最大孔体积含量、最大裂缝宽度、拌和物中最小含气量、良好的均质性和混凝土的体积稳定性等。

对于钢筋锈蚀来说，钢筋混凝土拌和物中水溶性氯离子含量较大时，会导致钢筋局部过早出现锈蚀,加速混凝土的劣化,严重影响结构使用年限。对钢筋混凝土结构来说,局部的钢筋受损要比匀质受损更危险。其原因:一是钢筋局部腐蚀比匀质锈蚀要快;二是结构损害到危险程度时没有象保护层剥落的明显预兆,会发生突然断裂破坏。因此,要严格控制钢筋混凝土拌和物中水溶性氯离子的含量。影响拌和物中水溶性氯离子含量的主要因素是原材料和配合比。在钢筋混凝土生产时要选用合适的原材料,控制预拌混凝土的氯离子含量,减少对钢筋混凝土中钢筋的腐蚀,从而提高混凝土耐久性。

常见的混凝土耐久性问题除了钢筋锈蚀外,还有混凝土的抗渗性、抗冻性、抗碳化能力等,这里主要对抗渗性和抗冻性的影响因素进行简要说明。

1. 混凝土抗渗性的影响因素

混凝土的原材料、配合比、拌和物和易性、养护条件及养护方式等,都会对混凝土的抗渗性能产生不同程度的影响。应注意,抗渗性能并非是一个常数,它与龄期、浆体水化程度以及微裂缝的延伸扩展等密切相关。

(1)混凝土配合比:混凝土的抗渗性能首先要在配合比设计方面予以考虑。对混凝土抗渗性最主要的影响因素是水胶比。通常情况下,水胶比越小抗渗性越好。当然,在进行混凝土配合比设计时,不仅要考虑新浇筑混凝土的抗渗性能,也要考虑服役期间的工作环境使微裂缝扩展导致抗渗性能劣化的问题。

在一定水胶比范围内,胶凝材料用量和砂率对混凝土抗渗性的影响比较明显。足够的胶凝材料用量和适宜的砂率,可以保证混凝土中砂浆的数量和质量,使混凝土获得良好的抗渗性。因此,标准对抗渗混凝土的最小胶凝材料用量做了明确规定。同时,掺入适量的粉煤灰、矿渣粉或硅灰后混凝土的抗渗性均有所提高。

砂率也会影响混凝土的抗渗性能,与普通混凝土相比,抗渗性混凝土采用富砂率,砂率选择得当时,一方面使混凝土更易于密实,另一方面又能切断混凝土内部的毛细管道,从而提高了抗渗性。

浆骨比选择得当,就能得到密实度较高的混凝土。当浆骨比偏大时,水泥和水的用量偏大,容易发生收缩增大等不良现象,易出现裂缝;当浆骨比偏小时,水泥和水用量偏少,混凝土和易性变差,不易浇筑密实,导致抗渗性能下降。

(2)混凝土和易性:混凝土的和易性不好,施工操作困难,影响混凝土的密实性和抗渗性。尤其是当混凝土泌水严重时,随着游离水的蒸发,不可避免地在混凝土内部留下大量孔隙,而且这些孔隙相互贯通,形成开放性毛细管泌水通道,使混凝土抗渗性能降低、透水性增高。

(3)早期养护:混凝土的早期湿养护有利于水泥的充分水化,有利于降低混凝土的孔隙率和切断毛细孔的连续性,有利于减少裂缝的出现,从而提高混凝土抗渗性。因此,混凝土浇筑完毕后,应根据现场气温条件在浇筑后12h内及时覆盖并保湿养护,混凝土养护时间一般不少于14d。

2. 混凝土抗冻性的影响因素

影响混凝土抗冻性的重要因素包括混凝土的含气量、气泡间距和饱水程度等。通常在混凝土加入引气剂以在拌和物中引入3%~5%的细小、封闭气泡,达到提高混凝土抗冻性的目的。因此,这里仅对含气量的影响因素进行简要说明。

（1）引气剂及其掺量：引气剂的掺量越高，含气量越大。某些减水剂与引气剂复合使用，会降低混凝土的含气量，因此外加剂复配应经过试验确定。

（2）水泥：通常而言，引气剂掺量相同情况下，硅酸盐水泥的引气量依次大于普通水泥、矿渣水泥、火山灰水泥；对于同品种水泥，提高水泥的细度或增大水泥用量，都可导致引气量的减小。当水泥的碱含量较低时，为保持一定的含气量时应增加引气剂的掺量。

（3）骨料：含气量一般随骨料最大粒径的增大和砂率的减小而降低。卵石混凝土的引气量一般比碎石混凝土大。天然砂的引气量大于机制砂，且粒径为0.15~0.6mm的细颗粒越多，引气量越大。

（4）矿物掺和料：掺粉煤灰或矿渣细粉、沸石粉等磨细掺和料时，往往引气量会下降。

（5）坍落度：在引气剂掺量不变的情况下，当混凝土坍落度较大时，含气量较大；坍落度较小时，含气量较小。

（6）搅拌时间：含气量随着搅拌时间的增加而加大，搅拌2~3min时含气量达到最大值，如果继续搅拌，则含气量就开始下降。

（7）运输与振捣：运输过程中，含气量会降低1%~2%。不同的振捣机械具有不同的振动力，但都会因振捣而降低混凝土的含气量。

（8）环境温度：温度对引气量的影响很大，温度越高，含气量越小。

总之，混凝土结构的耐久性是一个涉及环境、材料、设计、施工等多种因素的复杂问题，要解决好这个问题需要从各个方面进行系统控制。只有这样，才能保证和提高混凝土结构的耐久性，才能保证我国建筑事业的可持续发展。

# 第三节 预拌混凝土质量控制基本要求

混凝土是工程结构的重要材料，其质量直接影响结构的安全性和使用寿命，由于预拌混凝土行业特点和产品特性，而且其产品质量影响因素繁杂，因此，预拌混凝土生产过程中的质量控制尤为重要，预拌混凝土企业必须制定相应的质量保证措施及相关制度。

## 一、组织与管理的保证

### （一）组织机构与人员

（1）要建立满足企业运营需要的组织机构，并配备相应技术质量管理人员。

（2）企业技术负责人的技术职称及从业资历要满足相关法律、法规的要求，并有良好的敬业精神。

（3）要有与企业生产规模相匹配的试验及质检人员。由于预拌混凝土产品生产过程中影响质量的因素繁杂且偶发性因素较多，所以需要配备具有一定数量的专业技术人员实施生产过程的质量监控并及时解决出现的技术质量问题。

## （二）管理制度及控制措施

预拌混凝土生产企业要对生产过程中影响产品质量的要素及质量过程控制环节制定相应的管理制度（程序或标准），主要内容如下：

1. 原材料管理相关制度

原材料的管理制度主要包含以下内容：分供方的条件及资质、材料技术指标要求、材料进场验收控制、材料存放及标识、不合格处置等。

2. 试验管理相关制度

试验管理制度主要包含以下内容：各种材料的检验批次及必试项目、样品存放及标识管理；混凝土拌和物取样及试验、混凝土力学及耐久性试验；试验环境及养护条件、试验记录及报告存档等。

3. 配合比管理相关制度

配合比管理制度主要包含以下内容：配合比设计、试配与试拌、审批与发放、配合比调整等。

4. 生产过程管理相关制度

混凝土生产企业要按与客户签定的合同要求组织生产。在生产过程中，所涉及管理制度主要包含以下内容：配合比审批、混凝土搅拌、设备计量、过程控制、拌和物出厂控制、运输及现场服务、剩退混凝土的处置等。必要时，针对特制品、特殊要求、季节变化等情况制定相应的质量控制措施。

5. 生产设备及试验仪器相关制度

生产设备及试验仪器相关制度主要包含以下内容：设备和仪器的标准合规性、检定与校验、标识与维护及使用要求等。

6. 资料管理相关制度

资料管理相关制度主要包含以下内容：企业质量文件（管理制度）的管理、企业执行标准的管理、试验原始记录、台帐及报告的管理、生产过程质量记录的管理等。

## 二、设备与设施的保证

### （一）试验室

试验室是预拌混凝土企业的技术核心部门，混凝土生产过程中对于原材料、配合比、拌和物性能及硬化后性能的质量监控是通过规范的试验进行的，所以企业要建立与生产规模相匹配的试验室。

### （二）搅拌设备

混凝土搅拌过程是预拌混凝土生产的核心工艺，计量的准确性和搅拌后混凝土拌和物的匀质性是确保预拌混凝土产品质量的根本保证。企业要配备符合现行国家标准要求的搅拌设备及相应的工控系统。

### （三）运输设备

预拌混凝土的运输设备要符合国家现行标准的要求，并在高温、雨季、冬施期间做好防护措施。

### （四）设备的使用管理

设备的正常运转是预拌混凝土产品质量的基本保证。企业要严格按照设备的使用说明、操作规程及安全注意事项制定相应管理制度，操作人员要严格执行相关制度，以防人为因素而造成的设备故障及安全事故。

### （五）设备计量的校核管理

我国现行标准、规范对预拌混凝土企业的生产设备和试验检验设备有明确的精度要求，按照《计量法》的实施细则，各种仪器设备的计量检定周期都有明确的规定。企业要根据国家现行标准规范请具有法定计量检定资格的机构对设备计量系统进行定期检定或校核，可自校的设备需制定自校规程并定期自校。

## 三、原材料质量的保证

由于预拌混凝土企业生产工艺流程特点及部分所用原材料质量判定时间的滞后性，一旦材料混仓或不合格材料入仓，将给企业的产品质量带来极大的隐患。预拌混凝土的生产工艺特点决定了必须对原材料进行预先控制，因此对原材料供应商的选择和控制极为重要，应强化对供应商的管理，对进场的原材料要严格按照相应的标准、规范进行验收。

对于原材料的技术指标要求在满足现行国家有关标准规定的同时，企业还可根据自身的质量管控需要来确定相关的技术指标。原材料管理包含有：合格供应商的确定、材料基本性能技术指标及验收方式、进场管理、技术指标管理、现场管理、盘仓管理及不合格品管理等。

## 四、试验与检验的保证

试验与检验在预拌混凝土生产过程中提供了数据支撑，是判定合格与否的依据，必须保证试验检验数据的真实可靠。试验与检验包含有：原材料试验与检验、配合比试验与验证、混凝土试验与检验等。

## 五、生产过程控制的保证

合格的混凝土拌和物是生产出来的，无论生产过程中的哪个环节出了问题，最后都体现在产品质量上，所以加强生产全过程的质量控制是获得合格产品的保证。企业要有一整套行之有效的质量管理体系。

生产过程的质量控制包含有：施工现场勘查、明确产品要求、配合比的传递、开盘、搅拌、拌和物的调整、设备计量管理、出厂检验、运输与交付、现场服务、剩退混凝土处置及售后服务等。

# 第二章 原材料管理

原材料管理是预拌混凝土企业在生产过程中一个非常重要的环节，关系到产品的质量及综合成本，主要涉及原材料采购、验收、储存、标识、检验等方面，本章主要分为原材料进场管理、使用管理及原材料主要技术指标等内容。

## 第一节 原材料进场管理

### 一、采购

由物资采购人员会同技术人员根据生产工艺及地区性施工工艺基本条件，按本企业要求确定合格供方，并对合格供方的原材料进行取样，然后进行原材料性能试验，对满足要求的，可签订购货合同。

合同主要包括以下内容：甲乙双方名称、材料名称、规格、型号、数量、执行的产品标准、价格、运输方式、验收方式、付款方式、合同执行的起止时间等。合同中应有相关技术要求和条款，并需列出具体技术指标要求。

在确定合格供应商后，厂家须提供有效期内的厂家资质文件及相关原材料的型式检验报告。厂家资质主要包括企业营业执照、组织机构代码、质量保证体系等。型式检验报告的项目见表2-1。

表 2-1 型式检验报告的项目

| 材料名称 | 执行标准 | 型式检验项目 | 检验周期 |
|---|---|---|---|
| 水泥 | 《通用硅酸盐水泥》GB 175 《建筑材料放射性核素限量》 GB 6566 | 烧失量、三氧化硫、氧化镁、氯离子、碱含量、凝结时间、安定性、抗折强度、抗压强度、细度、放射性、密度、标准稠度用水量、普通硅酸盐水泥应提供比表面积及混合材品种及掺加比例 | 一年 |
| 粉煤灰 | 《用于水泥和混凝土中的粉煤灰》GB/T 1596 《建筑材料放射性核素限量》 GB 6566 | 细度、需水量比、烧失量、含水量、三氧化硫、游离氧化钙、安定性、放射性、碱含量、氯离子、密度 | 半年（放射性一年） |
| 矿渣粉 | 《用于水泥和混凝土中的粒化高炉矿渣粉》GB/T 18046 《建筑材料放射性核素限量》 GB 6566 | 密度、比表面积、活性指数、流动度比、含水量、三氧化硫、氯离子、烧失量、玻璃体含量、放射性、碱含量 | 一年 |

| 材料名称 | 执行标准 | 型式检验项目 | 检验周期 |
|---|---|---|---|
| 砂 | 《建设用砂》GB/T14684 《建筑材料放射性核素限量》GB 6566 | 颗粒级配、细度模数、含泥量(天然砂)、石粉含量(机制砂)和泥块含量、有害物质、坚固性、表观密度、堆积密度、空隙率、压碎指标(机制砂)、碱活性、放射性、氯离子含量、含水率、亚甲蓝值(机制砂) | 一年 |
| 石 | 《建设用卵石、碎石》GB/T14685 《建筑材料放射性核素限量》GB 6566 | 颗粒级配、含泥量和泥块含量、针片状颗粒含量、有害物质、坚固性、表观密度、堆积密度、连续级配松散堆积空隙率、碱活性、放射性、氯离子含量、含水率、压碎指标值 | 一年 |
| 外加剂(GB8076所涉及的外加剂) | 《混凝土外加剂》GB 8076 | 匀质性:氯离子含量、总碱量、含固量(液体)、含水率(粉体)、密度(液体)、细度(粉体)、pH值、硫酸钠含量;受检混凝土性能:减水率、泌水率比、含气量、凝结时间之差、1h经时变化量、抗压强度比、收缩率比、相对耐久性 | 一年 |
| 防冻剂 | 《混凝土防冻剂》JC 475 《混凝土外加剂中释放氨的限量》GB 18588 | 匀质性:固体含量(液体)、含水率(粉体)、密度(液体)、氯离子含量、碱含量、水泥净浆流动度、细度(粉体);受检混凝土性能:减水率、泌水率比、含气量、凝结时间差、抗压强度比、收缩率比、渗透高度比、50次冻融强度损失率比、对钢筋的锈蚀作用、氨含量 | 一年 |
| 膨胀剂 | 《混凝土膨胀剂》GB 23439 《建筑材料放射性核素限量》GB 6566 | 氧化镁、细度、凝结时间、限制膨胀率、抗压强度、碱含量、氯离子含量、放射性 | 半年(放射性一年) |

注: 表中检验周期为正常生产时。如原料、工艺有较大改变可能影响产品性能,产品长期停产后恢复生产和出厂检验结果与上次型式检验有较大差异时,应随时重新进行型式检验。

预拌混凝土企业应对材料供应商提供的质量证明文件进行核验、确认,并设专人保管。当材料商提供的质量证明文件为复印件时,复印件要加盖原件存放单位的公章,预拌混凝土企业经办人员还要对复印件进行核对,确认与原件一致时,加盖核对章并存档。核对章的主要内容应有:经核对与原件一致、原件存放处、经手人、日期、时间等(图2-1)。

| 经核对与原件一致 | |
|---|---|
| 原件存放处(材料生产厂家) | : _____ |
| 经办人(混凝土企业设置的专人) | : _____ |
| 日期、时间 | |

图 2-1 型式检验报告核对章内容

## 二、验收

所有进场的原材料必须由合同约定的合格供方提供。

根据公司生产需要,由材料部门相关人员组织原材料进场。进场原材料须携带产品合格证、检测报告单及厂家过磅单。水泥、矿渣粉、粉煤灰、外加剂厂家提供的合格证,见表2-2～表2-6。

**表 2-2　水泥出厂合格证**

| 购货单位 | | | | | | 卸货地点 | |
|---|---|---|---|---|---|---|---|
| 销售区域 | | 提单来源 | | 运输方式 | | 提货单号 | |
| 毛重 | t | 皮重 | t | 净重 | t | 大写净重 | t |
| 订购数量 | t | 累计发货量 | t | 结存数量 | t | 提货车号 | |
| 执行国家标准 | | | 品种强度等级 | | | 出厂编号 | |
| 生产许可证号 | | | | | | | |
| 生产厂家名称 | | | | | | 品种 | |
| 生产厂家地址 | | | | | | 代号 | |
| 购货单位收货确认(签字盖章): | | | | | | 提(送)货人签字: | |
| 调度员: | | | 发货日期: | | | | |

**表 2-3　矿渣粉合格证与检验报告**

| 产品合格证 | | 矿渣粉检验报告 | | | | | |
|---|---|---|---|---|---|---|---|
| 生产单位 | | 产品名称及型号 | | 生产单位 | | 数量/t | |
| 生产批号 | | 产品批号 | | 应用单位 | | | |
| 产品名称型号 | | 检验项目 | | 标准要求 | | 检验结果 | |
| 应用单位 | | | | S95 | S75 | | |
| 检验依据 | | 密度,不小于/(g/cm³) | | 2.8 | | | |
| 检验日期 | | 比表面积,不小于/(m²/kg) | | 400 | 300 | | |
| 生产日期 | | 活性指数,不小于/% | 7d | 75 | 55 | | |
| 出厂日期 | | | 28d | 95 | 75 | | |
| 检验人员 | | 流动度比,不小于/% | | 95 | | | |
| 检验结论 | | | | | | | |
| 审核人 | | 试验人 | | 检验日期 | | | |

### 表 2-4　粉煤灰合格证与检验报告

| 产品合格证 | | 粉煤灰检验报告 | | | | | |
|---|---|---|---|---|---|---|---|
| 生产单位 | | 产品名称 | | 生产单位 | | 数量/t | |
| 生产批号 | | 产品批号 | | 应用单位 | | | |
| 产品名称型号 | | 检验项目 | | 标准要求 | | 检验结果 | |
| 应用单位 | | | | I级 | II级 | | |
| 检验依据 | | 细度(45μm方孔筛筛余),不大于/% | | 12.0 | 25.0 | | |
| 检验日期 | | | | | | | |
| 生产日期 | | 需水量比,不大于/% | | 95 | 105 | | |
| 出厂日期 | | 烧失量,不大于/% | | 5.0 | 8.0 | | |
| 检验人员 | | | | | | | |
| 检验结论 | | | | | | | |
| 审核人 | | 试验人 | | 检验日期 | | | |

### 表 2-5　高性能减水剂合格证与检验报告

| 产品合格证 | | 高性能减水剂(标准型)检验报告 | | | |
|---|---|---|---|---|---|
| 生产单位 | | 产品名称及型号 | | 生产单位 | 数量/t |
| 生产批号 | | 产品批号 | | 应用单位 | |
| 产品名称型号 | | 检验项目 | 标准要求 | 检验结果 | |
| 应用单位 | | pH值 | — | | |
| 检验依据 | | 含固量/% | $S>25\%,0.95S\sim1.05S$ $S\leq25\%,0.90S\sim1.10S$ | | |
| | | 密度/(g/cm³) | $D>1.1,D\pm0.03$ $D\leq1.1,D\pm0.02$ | | |
| | | 氯离子含量/% | 不超过生产厂控制值 | | |
| | | 总碱含量/% | 不超过生产厂控制值 | | |
| | | 减水率,不小于/% | 25 | | |
| | | 含气量,不大于/% | 6.0 | | |
| | | 抗压强度比(1d),不小于/% | 170 | | |
| 检验日期 | | 抗压强度比(3d),不小于/% | 160 | | |
| 生产日期 | | 抗压强度比(7d),不小于/% | 150 | | |
| 出厂日期 | | 抗压强度比(28d),不小于/% | 140 | | |
| 检验人员 | | 1h坍落度经时变化量,不大于/mm | 80 | | |
| 检验结论 | | | | | |
| 审核人 | | 试验人 | 检验日期 | | |

注：表中$S$、$D$分别为含固量、密度的生产厂控制值。

表 2-6 防冻剂合格证与检验报告

| 产品合格证 | 高性能减水剂(防冻型)检验报告(−10℃) | | | |
|---|---|---|---|---|
| 生产单位 | 产品名称及型号 | | 生产单位 | 数量/t |
| 生产批号 | 产品批号 | | 应用单位 | |
| 产品名称型号 | 检验项目 | | 标准要求 | 检验结果 |
| 应用单位 | pH值 | | — | |
| 检验依据 | 含固量/% | | $S\geq20\%,0.95S\sim1.05S$ $S<20\%,0.90S\sim1.10S$ | |
| | 密度/g/cm³ | | $D>1.1,D\pm0.03$ $D\leq1.1,D\pm0.02$ | |
| | 总碱含量/% | | 不超过生产厂控制值 | |
| | 氯离子含量/% | | 不超过生产厂控制值 | |
| | 减水率,不小于/% | | ≥25 | |
| | 含气量/% | | 2.0~6.0 | |
| 检验日期 | 抗压强度比(−7d),不小于/% | | 12 | |
| 生产日期 | 抗压强度比(−7+28d),不小于/% | | 90 | |
| 出厂日期 | 抗压强度比(28d),不小于/% | | 100 | |
| 检验人员 | | | | |
| 检验结论 | | | | |
| 审核人 | 试验人 | | 检验日期 | |

进场资料核对后还应进行材料车检,检验项目见表2-7。

表 2-7 材料车检项目

| 材料名称 | 检验项目 |
|---|---|
| 水泥 | 比表面积(细度) |
| 粉煤灰 | 细度、颜色 |
| 矿渣粉 | 比表面积、颜色 |
| 减水剂 | 密度、pH值、混凝土拌和物坍落度1h经时变化量 |
| 防冻剂 | 密度、减水率 |
| 砂 | 级配、含泥量、泥块含量、杂质 |
| 石 | 级配、含泥量、泥块含量、杂质 |

注:砂、石的级配、含泥量、泥块含量、杂质主要采用目测检测,目测不合格直接退货;有异议时,由试验室人员通过试验检验判定;不合格的原材料要填写原材料进场检验不合格处置记录。

经材料员及试验员车检合格的原材料过磅、入仓。材料员打印磅单,见表2-8,填写原材料入库统计表,见表2-9。

表 2-8　磅单

磅单

| 入库编号 | | | 材料名称 | |
|---|---|---|---|---|
| 供货厂家 | | | 材料规格 | |
| 运输单位 | | | 称重时间 | |
| 入库货位 | | | 司磅员 | |
| 毛重 | t | 皮重 | t | 净重 | t |
| 车辆牌号 | | 司机签字 | | 打印时间 | |

表 2-9　原材料入库统计表

原材料名称:

| 序号 | 日期 | 运输单位 | 车号 | 品种 | 规格 | 毛重/t | 皮重/t | 净重/t | 备注 |
|---|---|---|---|---|---|---|---|---|---|
| | | | | | | | | | |
| | | | | | | | | | |
| | | | | | | | | | |
| | | | | | | | | | |
| | | | | | | | | | |
| | | | | | | | | | |
| | | | | | | | | | |
| | | | | | | | | | |
| | | | | | | | | | |
| | | | | | | | | | |
| | | | | | | | | | |
| 合计 | | | | | | | | | |

制表人:

## 第二节 原材料现场管理

### 一、存储与标识

预拌混凝土企业应在搅拌楼明显位置设一仓位图（图2-2），标出仓号、存放材料名称、品种、规格等内容。对应仓号的原材料要与原材料日消存统计表（表2-10）内容一致。

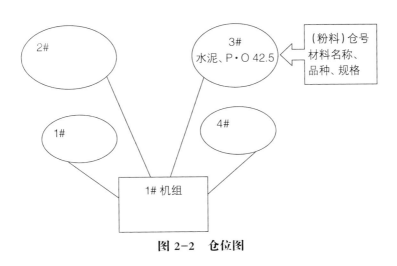

图 2-2　仓位图

进厂的原材料过磅后，由材料员领车入位，各种材料分仓存放，不得混仓。各料仓应有明显的标识，标识牌内容，见图2-3。

图 2-3　原材料标识牌（仓号）

| 原材料名称 | | | |
|---|---|---|---|
| 品种、规格 | | | |
| 生产厂家 | | | |
| 进货日期 | 检验日期 | 试验编号 | 检验状态 |
| | | | |

砂、石上料口也需挂标识牌，标识牌内容，见图2-4。

图 2-4　上料口标识牌

| 仓号 | |
|---|---|
| 材料名称 | |
| 品种、规格 | |
| 生产厂家 | |

材料员应每天根据各种原材料的进货量及消耗量进行统计，盘点库存，填写原材料日消存统计表，见表2-10。

**表 2-10　原材料日消存统计表**

填报单位　　　　　　　　　　　　　　　　　　　　　　　　　　　　　　　　年　　月　　日

| 机组 | | 一号机组 | | | | | 二号机组 | | | | | 三号机组 | | | |
|---|---|---|---|---|---|---|---|---|---|---|---|---|---|---|---|
| | 仓 | 品种规格 | 收料 | 耗料 | 库存 | 仓 | 品种规格 | 收料 | 耗料 | 库存 | 仓 | 品种规格 | 收料 | 耗料 | 库存 |
| 水泥仓号 | 1 | | | | | | | | | | | | | | |
| | 2 | | | | | | | | | | | | | | |
| | 3 | | | | | | | | | | | | | | |
| | 合 | | | | | | | | | | | | | | |
| 外加剂仓号 | 1 | | | | | | | | | | | | | | |
| | 2 | | | | | | | | | | | | | | |
| | 3 | | | | | | | | | | | | | | |
| | 合 | | | | | | | | | | | | | | |
| 掺和料 | 1 | | | | | | | | | | | | | | |
| | 2 | | | | | | | | | | | | | | |
| | 3 | | | | | | | | | | | | | | |
| | 合 | | | | | | | | | | | | | | |
| 砂石料 | 1 | | | | | | | | | | | | | | |
| | 2 | | | | | | | | | | | | | | |
| | 3 | | | | | | | | | | | | | | |
| | 合 | | | | | | | | | | | | | | |
| 其他 | | | | | | | | | | | | | | | |
| 备注： | | | | | | | | | | | | | | | |

审核：　　　　　　　　材料员：　　　　　　　　　　　　　　　　计量单位：t

注：库存=昨日库存+收料-耗料

## 二、取样

原材料取样选用手工取样法。

（1）水泥、粉煤灰、矿渣粉、膨胀剂取样均依据《水泥取样方法》GB/T 12573进行，取样应具有代表性，可连续取，亦可从20个（粉煤灰为10个）以上不同部位取等量样品，最小取样量可参照表2-11进行，每一编号取得的试样应充分混匀，分为两等份：一份为检验样；一份为封存样。

**表 2-11　水泥、粉煤灰、矿渣粉、膨胀剂最小取样量**

| 原材料品种 | 水泥 | 粉煤灰 | 矿渣粉 | 膨胀剂 |
|---|---|---|---|---|
| 取样量/kg | 20 | 3 | 10 | 10 |

注：粉料按车进行取样，应使用取样器进行，检测时要混合均匀。

（2）外加剂取样应具有代表性。粉状外加剂取样时可连续取，也可从20个以上不同部位取等量样品；液体外加剂取样时应注意从容器的上、中、下三层分别取样。每一批号取样量不少于0.2t胶凝材料所需的外加剂量（以最大掺量计）。每一编号取得的试样应充分混匀，分为两等份：一份为检验样；一份为封存样。

（3）砂石取样时，从料堆上取，取样部位应均匀分布，取样前应先将取样部位表层以下10~20mm位置铲平，然后由各部位抽取大致相等的砂8份、石子16份，组成各自一组样品。

从皮带运输机上取样时，应在皮带运输机尾的出料处用接料器定时抽取砂4份、石子8份，组成各自一组样品。

从火车、汽车、货船上取样时，应从不同部位和深度抽取大致相等的砂8份、石子16份，组成各自一组样品。

砂石每一单项检验项目所需最少取样量见表2-12和表2-13。

表 2-12　每一单项检验项目所需砂的最少取样质量

| 检验项目 | 最少取样质量/g |
|---|---|
| 筛分析 | 4400 |
| 表观密度 | 2600 |
| 吸水率 | 4000 |
| 紧密密度和堆积密度 | 5000 |
| 含水率 | 1000 |
| 含泥量 | 4400 |
| 泥块含量 | 20000 |
| 石粉含量 | 1600 |
| 机制砂压碎值指标 | 分成公称粒级5.00~2.50mm；2.50~1.25mm；1.25mm~630μm；630~315μm；315~160μm　每个粒级各需1000g |
| 有机物含量 | 2000 |
| 云母含量 | 600 |
| 轻物质含量 | 3200 |
| 坚固性 | 分成公称粒级5.00~2.50mm；2.50~1.25mm；1.25mm~630μm；630~315μm；315~160μm　每个粒级各需100g |
| 硫化物及硫酸盐含量 | 50 |
| 氯离子含量 | 2000 |
| 贝壳含量 | 10000 |
| 碱活性 | 20000 |

**表 2-13　每一单项检验项目所需碎石或卵石的最少取样质量/kg**

| 试验项目 | 最大公称粒径/mm | | | | | | | |
|---|---|---|---|---|---|---|---|---|
| | 10.0 | 16.0 | 20.0 | 25.0 | 31.5 | 40.0 | 63.0 | 80.0 |
| 筛分析 | 8 | 15 | 16 | 20 | 25 | 32 | 50 | 64 |
| 表观密度 | 8 | 8 | 8 | 8 | 12 | 16 | 24 | 24 |
| 含水率 | 2 | 2 | 2 | 2 | 3 | 3 | 4 | 6 |
| 吸水率 | 8 | 8 | 16 | 16 | 16 | 24 | 24 | 32 |
| 堆积密度和紧密密度 | 40 | 40 | 40 | 40 | 80 | 80 | 120 | 120 |
| 含泥量 | 8 | 8 | 24 | 24 | 40 | 40 | 80 | 80 |
| 泥块含量 | 8 | 8 | 24 | 24 | 40 | 40 | 80 | 80 |
| 针、片状含量 | 1.2 | 4 | 8 | 12 | 20 | 40 | — | — |
| 硫化物及硫酸盐 | 1.0 | | | | | | | |

注: 有机物含量、坚固性、压碎值指标及碱-骨料反应检验, 应按试验要求的粒级及质量取样。

## 三、检验

所有原材料的批次检验由材料员抽样送试验室并填写原材料委托试验单, 见表2-14。原材料委托试验单一式两份: 试验室保存一份; 返回材料员一份。

**表 2-14　原材料委托试验单**

| 委托部门 | | 材料名称 | | 进场日期 | | 代表数量 | |
|---|---|---|---|---|---|---|---|
| 试验部门 | | 规格型号 | | 送样日期 | | 产地 | |
| 批号 | | 委托编号 | | 委托人 | | 收样人 | |

试验项目:

处理意见:

年　月　日

各种原材料进厂检验项目及检验频次, 见表2-15。

**表 2-15　原材料进厂检验项目及检验频次**

| 原材料种类 | 检验项目 | 检验频率 | 依据 | 留样周期 |
|---|---|---|---|---|
| 水泥 | 安定性、凝结时间、胶砂强度、标准稠度用水量 | 同厂家、同品种、同等级的散装水泥不超过500 t为一检验批。当同厂家、同品种、同等级的散装水泥连续进场且质量稳定时,可按不超过1000 t为一检验批,超过3个月应进行复检 | 《混凝土结构工程施工规范》GB 50666《预拌混凝土质量管理规程》DB 11/385 | 3个月 |
| 砂 | 颗粒级配、含泥量、泥块含量、石粉含量(机制砂) | 同一产地、同一规格每400m³或600t为一验收批,不足400m³或600t也为一验收批;当砂的质量比较稳定、进料量又较大时,可以1000t为一验收批;如所用砂为连续供应、来源稳定时,可以每周抽检不少于一次 | 《普通混凝土用砂、石质量检验方法标准》JGJ 52《预拌混凝土质量管理规程》DB 11/385 | — |
| 石 | 颗粒级配、含泥量、泥块含量、针片状颗粒含量、压碎指标压碎指标(强度等级大于或等于C60时) | 同一产地、同一规格每400m³或600t为一验收批,不足400m³或600t也为一验收批;当石子的质量比较稳定、进料量又较大时,可以1000t一验收批;如所用石子为连续供应、来源稳定时,每周抽检不少于一次 | 《普通混凝土用砂、石质量检验方法标准》JGJ 52《预拌混凝土质量管理规程》DB 11/385 | — |

| 原材料种类 | 检验项目 | 检验频率 | 依据 | 留样周期 |
|---|---|---|---|---|
| 粉煤灰 | 细度、需水量比、烧失量 | 同厂家、同品种、同等级且连续进料≤200t抽取一次 | 《混凝土矿物掺合料应用技术规程》DB11/T 1029 | 3个月 |
| 矿渣粉 | 比表面积、活性指数、流动度比 | 同厂家、同品种、同等级且连续进料≤500t抽取一次 | 《混凝土矿物掺合料应用技术规程》DB11/T 1029 | 3个月 |
| 外加剂（GB8076所涉及的外加剂） | pH值、密度（或细度）、含固量（或含水率）、减水率；早强型：还应增加1d抗压强度比；缓凝型：还应增加凝结时间差；引气减水剂：还应增加含气量及含气量经时损失；泵送剂：还应增加坍落度1h经时变化量 | 引气剂：同厂家，同品种每10t一检验批；缓凝剂：同厂家，同品种每20t一检验批；其他外加剂：同厂家，同品种每50t为一检验批 | 《混凝土外加剂应用技术规范》GB 50119 | 6个月 |
| 防冻剂 | 氯离子含量、密度（或细度）、含固量（或含水量）、碱含量、含气量 | 同厂家，同品种的外加剂不超过100t为一检验批 | 《混凝土外加剂应用技术范》GB 50119 | 6个月 |
| 膨胀剂 | 限制膨胀率、细度 | 同厂家、同品种、同等级且连续进料≤200t抽取一次 | 《混凝土外加剂应用技术规范》GB 50119 | 6个月 |

注：1. 留样周期是在相应标准规范等无明确规定时的周期，否则按规定执行。
　　2. 按《预拌混凝土》GB 14902规定原材料进场检验时砂、石执行行业标准。

# 第三节 原材料主要技术指标

## 一、水泥

依据《通用硅酸盐水泥》GB 175的规定，对水泥质量要求如下：

1. 化学指标

通用硅酸盐水泥的化学指标，见表2-16。

表 2-16　通用硅酸盐水泥的化学指标/质量分数 %

| 品种 | 代号 | 不溶物 | 烧失量 | 三氧化硫 | 氧化镁 | 氯离子 |
|---|---|---|---|---|---|---|
| 硅酸盐水泥 | P·I | ≤0.75 | ≤3.0 | ≤3.5 | ≤5.0[注1] | ≤0.06[注3] |
| | P·II | ≤1.50 | ≤3.5 | | | |
| 普通硅酸盐水泥 | P·O | — | ≤5.0 | | | |
| 矿渣硅酸盐水泥 | P·S·A | — | — | ≤4.0 | ≤6.0[注2] | |
| | P·S·B | — | — | | — | |
| 火山灰质硅酸盐水泥 | P·P | — | — | ≤3.5 | ≤6.0[注2] | |
| 粉煤灰硅酸盐水泥 | P·F | — | — | | | |
| 复合硅酸盐水泥 | P·C | | | | | |

注：1. 如果水泥压蒸试验合格，则水泥中氧化镁的含量（质量分数）允许放宽至6.0%。
　　2. 如果水泥氧化镁的含量（质量分数）大于6.0%时，需进行水泥压蒸安定性试验并合格。
　　3. 当有更低要求时，该指标由买卖双方确定。

2. 物理指标

（1）强度：不同品种不同强度等级的通用硅酸盐水泥，其强度应符合表2-17的规定。

**表 2-17　通用硅酸盐水泥不同龄期的强度**

| 品种 | 强度等级 | 抗压强度/MPa | | 抗折强度/MPa | |
| --- | --- | --- | --- | --- | --- |
| | | 3d | 28d | 3d | 28d |
| 硅酸盐水泥 | 42.5 | ≥17.0 | ≥42.5 | ≥3.5 | ≥6.5 |
| | 42.5R | ≥22.0 | | ≥4.0 | |
| | 52.5 | ≥23.0 | ≥52.5 | ≥4.0 | ≥7.0 |
| | 52.5R | ≥27.0 | | ≥5.0 | |
| | 62.5 | ≥28.0 | ≥62.5 | ≥5.0 | ≥8.0 |
| | 62.5R | ≥32.0 | | ≥5.5 | |
| 普通硅酸盐水泥 | 42.5 | ≥17.0 | ≥42.5 | ≥3.5 | ≥6.5 |
| | 42.5R | ≥22.0 | | ≥4.0 | |
| | 52.5 | ≥23.0 | ≥52.5 | ≥4.0 | ≥7.0 |
| | 52.5R | ≥27.0 | | ≥5.0 | |
| 矿渣硅酸盐水泥<br>火山灰质硅酸盐水泥<br>粉煤灰硅酸盐水泥<br>复合硅酸盐水泥 | 32.5 | ≥10.0 | ≥32.5 | ≥2.5 | ≥5.5 |
| | 32.5R | ≥15.0 | | ≥3.5 | |
| | 42.5 | ≥15.0 | ≥42.5 | ≥3.5 | ≥6.5 |
| | 42.5R | ≥19.0 | | ≥4.0 | |
| | 52.5 | ≥21.0 | ≥52.5 | ≥4.0 | ≥7.0 |
| | 52.5R | ≥23.0 | | ≥5.0 | |

（2）细度：硅酸盐水泥和普通硅酸盐水泥的细度以比表面积表示，比表面积不小于300m²/kg；矿渣硅酸盐水泥、火山灰质硅酸盐水泥、粉煤灰硅酸盐水泥和复合硅酸盐水泥的细度以筛余表示，80μm方孔筛筛余不大于10%或45μm方孔筛筛余不大于30%。

（3）凝结时间：硅酸盐水泥初凝时间不小于45min，终凝时间不大于390min。

普通硅酸盐水泥、矿渣硅酸盐水泥、火山灰质硅酸盐水泥、粉煤灰硅酸盐水泥和复合硅酸盐水泥初凝时间不小于45min，终凝时间不大于600min。

（4）安定性：沸煮法合格。

3. 碱含量

水泥中碱含量按$Na_2O+0.658K_2O$计算值表示。若使用碱活性骨料，用户要求提供低碱水泥时，水泥中的碱含量应不大于0.60%或由买卖双方协商确定。

4. 放射性

依据《建筑材料放射性核素限量》GB 6566，水泥的内、外照射指数限量均不超过1.0。

## 二、外加剂

依据混凝土外加剂相关标准：《混凝土外加剂》GB 8076、《混凝土防冻剂》JC 475、《混凝土膨胀剂》GB 23439和《混凝土外加剂中释放氨的限量》GB 18588等，外加剂质量应符合如下要求：

1. 外加剂匀质性指标

外加剂（不含膨胀剂）匀质性指标应符合表2-18的规定。

表 2-18　混凝土外加剂的匀质性指标

| 试验项目 | 指标 |
|---|---|
| 氯离子含量/% | 1. 无氯盐防冻剂：≤0.1%（质量百分比）；<br>2. 其他：不超过生产厂控制值 |
| 总碱量（$Na_2O+0.658K_2O$）/% | 不超过生产厂控制值 |
| 含固量（液体）/% | 1. 速凝剂：应小于生产厂最小控制值；<br>2. 防冻剂：$S \geq 20\%$时，应控制在$0.95S \leq X < 1.05S$，$S < 20\%$时，应控制在$0.90S \leq X < 1.10S$；<br>3. 其他：$S > 25\%$时，应控制在$0.95S \sim 1.05S$，$S \leq 25\%$时，应控制在$0.90S \sim 1.10S$ |
| 含水率（粉状）/% | 1. 速凝剂：≤2.0%；<br>2. 防水剂：$W \geq 5\%$时，应控制0.90$W \leq X \leq 1.10W$，$W < 5\%$时，应控制$0.80W \leq X < 1.20W$；<br>3. 其他：$W > 5\%$时，应控制在$0.90W \sim 1.10W$，$W \leq 5\%$时，应控制在$0.80W \sim 1.20W$ |
| 密度（液体）/（g/cm³） | 1. 速凝剂：应在生产厂所控制值的±0.02g/cm³之内；<br>2. 其他：$D > 1.1$时，应控制在$D \pm 0.03$；$D \leq 1.1$时，应控制在$D \pm 0.02$ |
| 细度（粉状） | 1. 速凝剂：0.08mm筛余应小于15%；<br>2. 防水剂：0.315mm筛余应小于15%；<br>3. 防冻剂：不超过生产厂提供的最大值；<br>4. 其他：应在生产厂控制范围内 |
| pH值 | 1. 速凝剂：应在生产厂控制值±1之内；<br>2. 防水剂和防冻剂：无此项要求；<br>3. 其他：应在生产厂控制范围内 |
| 硫酸钠含量/% | 1. 防水剂、防冻剂和速凝剂：无此项要求<br>2. 其他：不超过生产厂控制值 |
| 水泥净浆流动度/mm | 1. 防冻剂：不小于生产厂控制值的95%；<br>2. 其他：无此项要求 |

注：表中$S$、$W$、$D$分别为含固量、含水率和密度的生产厂控制值，$X$是测试值。

### 2. 混凝土外加剂性能

混凝土外加剂性能应符合表2-19～表2-21的要求。

**表2-19　混凝土外加剂性能指标（I）**

| 项目 | 高性能减水剂HPWR 早强型 HPWR-A | 标准型 HPWR-S | 缓凝型 HPWR-R | 高效减水剂HWR 标准型 HWR-S | 缓凝型 HWR-R | 普通减水剂WR 早强型 WR-A | 标准型 WR-S | 缓凝型 WR-R | 引气减水剂 AEWR | 泵送剂 PA | 早强剂 Ac | 缓凝剂 Re | 引气剂 AE |
|---|---|---|---|---|---|---|---|---|---|---|---|---|---|
| 减水率/%，不小于 | 25 | 25 | 25 | 14 | 14 | 8 | 8 | 8 | 10 | 12 | — | — | 6 |
| 泌水率比/%，不大于 | 50 | 60 | 70 | 90 | 100 | 95 | 100 | 100 | 70 | 70 | 100 | 100 | 70 |
| 含气量/% | ≤6.0 | ≤6.0 | ≤6.0 | ≤3.0 | ≤4.5 | ≤4.0 | ≤4.0 | ≤5.5 | ≥3.0 | ≤5.5 | — | — | ≥3.0 |
| 凝结时间差/min 初凝 | -90～+90 | -90～+120 | >+90 | -90～+120 | >+90 | -90～+90 | -90～+120 | >+90 | -90～+120 | — | -90～+90 | >+90 | -90～+120 |
| 凝结时间差/min 终凝 | — | — | — | — | — | — | — | — | — | — | — | — | — |
| 1h经时变化量 坍落度/mm | — | ≤80 | ≤60 | — | — | — | — | — | — | ≤80 | — | — | — |
| 1h经时变化量 含气量/% | — | — | — | — | — | — | — | — | -1.5～+1.5 | — | — | — | -1.5～+1.5 |
| 抗压强度比/%不小于 1d | 180 | 170 | — | — | — | 135 | — | — | — | — | 135 | — | — |
| 抗压强度比/%不小于 3d | 170 | 160 | 140 | 130 | 130 | 130 | 115 | 110 | 115 | 115 | 130 | 100 | 95 |
| 抗压强度比/%不小于 7d | 145 | 150 | 130 | 125 | 125 | 110 | 115 | 110 | 110 | 110 | 110 | 100 | 95 |
| 抗压强度比/%不小于 28d | 130 | 140 | 110 | 120 | 120 | 100 | 110 | 110 | 100 | 110 | 100 | 100 | 90 |
| 收缩率比/%不大于 28d | 110 | 110 | 110 | 135 | 135 | 135 | 135 | 135 | 135 | 135 | 135 | 135 | 135 |
| 相对耐久性（200次）/%不小于 | — | — | — | — | — | — | — | — | 80 | — | — | — | 80 |

注：
1. 表中抗压强度比、收缩率比、相对耐久性为强制性指标，其余为推荐性指标。
2. 除含气量和相对耐久性外，表中所列数据为掺外加剂混凝土与基准混凝土的差值或比值。
3. 凝结时间差性能指标中的"－"号表示提前，"＋"号表示延缓。
4. 相对耐久性（200次）指标中的"80"表示将28d龄期的掺外加剂混凝土试件快速冻融循环200次后，动弹性模量保留值不小于80%。
5. 1h含气量经时变化量指标中的"－"号表示含气量增加，"＋"号表示含气量减少。

### 表 2-20 混凝土外加剂（防冻剂）性能指标（Ⅱ）

| 项目 | | 防冻剂 | | | | | |
|---|---|---|---|---|---|---|---|
| | | 一等品 | | | 合格品 | | |
| 净浆安定性 | | — | | | — | | |
| 减水率，不小于/% | | 10 | | | — | | |
| 含气量，不小于/% | | 2.5 | | | 2.0 | | |
| 泌水率比，不大于/% | | 80 | | | 100 | | |
| 凝结时间差/min ≥ | 初凝 | −150～+150 | | | −210～+210 | | |
| | 终凝 | | | | | | |
| 渗透高度比，不大于/% | | 100 | | | 100 | | |
| 收缩率比（28d），不大于/% | | 135 | | | 135 | | |
| 50次冻融强度损失率比，不大于/% | | 100 | | | 100 | | |
| 抗压强度比/% | 负温规定温度[注]，℃ | −5 | −10 | −15 | −5 | −10 | −15 |
| | −7d | 20 | 12 | 10 | 20 | 10 | 8 |
| | 28d | 100 | 100 | 95 | 95 | 95 | 90 |
| | −7d+28d | 95 | 90 | 85 | 90 | 85 | 80 |
| | −7d+56d | 100 | | | 100 | | |
| 氯离子含量/%（质量百分比） | | ≤0.1 | | | | | |

注：1. 防冻剂的抗压强度比因负温的不同而不同，其负温规定温度为混凝土在负温养护时的温度，其允许波动范围为±2℃，而施工使用时的最低气温可比负温规定温度低5℃。
　　2. 防冻剂的氯离子含量≤0.1%（质量百分比）时，可认为是无氯外加剂。钢筋混凝土工程中如使用氯盐类防冻剂时，则需同时使用阻锈剂或配制好的氯盐阻锈类防冻剂。
　　3. 外加剂中氨的释放量≤0.10%（质量分数）。

### 表 2-21 混凝土外加剂(膨胀剂)性能指标（Ⅲ）

| 项目 | | | | 膨胀剂 | |
|---|---|---|---|---|---|
| | | | | I | II |
| 化学成分 | 氧化镁，不大于/% | | | 5.0 | |
| | 总碱量，不大于/% | | | 0.75[注] | |
| 物理性能 | 细度 | 比表面积，不小于/（m²/kg） | | 200 | |
| | | 1.18mm筛筛余，不大于/% | | 0.5 | |
| | 凝结时间/min | 初凝，不小于 | | 45 | |
| | | 终凝，不大于 | | 600 | |
| | 限制膨胀率，不小于/% | 水中 | 7d | 0.025 | 0.050 |
| | | 空气中 | 21d | −0.020 | −0.010 |
| | 抗压强度，不小于/MPa | 7d | | 20.0 | |
| | | 28d | | 40.0 | |

注：若使用活性骨料，用户要求提供低碱混凝土膨胀剂时，混凝土膨胀剂中的碱含量应不大于0.75%，或合同约定。

## 三、石

依据《普通混凝土用砂、石质量及检验方法标准》JGJ 52的规定如下:

### 1. 颗粒级配

碎石或卵石的颗粒级配,应符合表2-22的要求。

表 2-22　碎石或卵石的颗粒级配范围

| 级配情况 | 公称粒径/mm | 累计筛余,按质量/% | | | | | | | | | | | |
|---|---|---|---|---|---|---|---|---|---|---|---|---|---|
| | | 方孔筛筛孔边长尺寸/mm | | | | | | | | | | | |
| | | 2.36 | 4.75 | 9.5 | 16.0 | 19.0 | 26.5 | 31.5 | 37.5 | 53 | 63 | 75 | 90 |
| 连续粒级 | 5~10 | 95~100 | 80~100 | 0~15 | 0 | — | — | — | — | — | — | — | — |
| | 5~16 | 95~100 | 85~100 | 30~60 | 0~10 | 0 | — | — | — | — | — | — | — |
| | 5~20 | 95~100 | 90~100 | 40~80 | — | 0~10 | 0 | — | — | — | — | — | — |
| | 5~25 | 95~100 | 90~100 | — | 30~70 | — | 0~5 | 0 | — | — | — | — | — |
| | 5~31.5 | 95~100 | 90~100 | 70~90 | — | 15~45 | — | 0~5 | 0 | — | — | — | — |
| | 5~40 | — | 95~100 | 70~90 | — | 30~65 | — | — | 0~5 | 0 | — | — | — |
| 单粒级 | 10~20 | — | 95~100 | 85~100 | — | 0~15 | 0 | — | — | — | — | — | — |
| | 16~31.5 | — | 95~100 | — | 85~100 | — | — | 0~10 | — | 0 | — | — | — |
| | 20~40 | — | — | 95~100 | — | 80~100 | — | — | 0~10 | 0 | — | — | — |
| | 31.5~63 | — | — | — | 95~100 | — | — | 75~100 | 45~75 | — | 0~10 | 0 | — |
| | 40~80 | — | — | — | — | 95~100 | — | — | 70~100 | — | 30~60 | 0~10 | 0 |

注: 1. 混凝土用石应采用连续粒级。
  2. 单粒级宜用于组合成满足要求的连续粒级; 也可与连续粒级混合使用,以改善其级配或配成较大粒度的连续级。
  3. 当卵石的颗粒级配不符合表2-22要求时,应采取措施并经试验证实能确保工程质量后,方允许使用。

### 2. 含泥量、泥块含量及针、片状颗粒含量

碎石或卵石中含泥量、泥块含量及针、片状颗粒含量应符合表2-23规定。

表 2-23　碎石或卵石中含泥量、泥块含量及针、片状颗粒含量

| 混凝土强度等级 | ≥C60 | C55~C30 | ≤C25 |
|---|---|---|---|
| 含泥量/(按质量计,%) | ≤0.5 | ≤1.0 | ≤2.0 |
| 泥块含量/(按质量计,%) | ≤0.2 | ≤0.5 | ≤0.7 |
| 针、片状颗粒含量/(按质量计,%) | ≤8 | ≤15 | ≤25 |

注: 1. 对于有抗冻、抗渗或其他特殊要求的混凝土,其所用碎石或卵石含泥量不应大于1.0%。当碎石或卵石的含泥是非黏土质的石粉时,其含泥量可由表2-23的0.5%、1.0%、2.0%,分别提高到1.0%、1.5%、3.0%。
  2. 对于有抗冻、抗渗或其他特殊要求的强度等级小于C30的混凝土,其所用碎石或卵石中泥块含量不应大于0.5%。

### 3. 强度

(1)碎石的强度可用岩石的抗压强度和压碎值指标表示。岩石强度首先应由生产单位提供,工程中可采用压碎值指标进行质量控制。碎石的压碎值指标宜符合表2-24的规定。

表 2-24 碎石的压碎值指标

| 岩石品种 | 混凝土强度等级 | 碎石压碎值指标/% |
|---|---|---|
| 沉积岩 | C60~C40 | ≤10 |
| | ≤C35 | ≤16 |
| 变质岩或深成的火成岩 | C60~C40 | ≤12 |
| | ≤C35 | ≤20 |
| 喷出的火成岩 | C60~C40 | ≤13 |
| | ≤C35 | ≤30 |

注：1. 沉积岩包括石灰岩、砂岩等；变质岩包括片麻岩、石英岩等；深成的火成岩包括花岗岩、正长岩、闪长岩和橄榄岩等；喷出的火成岩包括玄武岩和辉绿岩等。
　　2. 岩石的抗压强度应比所配制的混凝土强度至少高20%。
　　3. 当混凝土强度等级大于或等于C60时，应进行岩石抗压强度检验。

（2）卵石的强度可用压碎值指标表示。其压碎值指标宜符合表2-25的规定。

表 2-25 卵石的压碎值指标

| 混凝土强度等级 | C60~C40 | ≤C35 |
|---|---|---|
| 压碎值指标/% | ≤12 | ≤16 |

**4. 坚固性**

碎石或卵石的坚固性应用硫酸钠溶液法检验，试样经5次循环后，其质量损失应符合表2-26的规定。

表 2-26 碎石或卵石的坚固性指标

| 混凝土所处的环境条件及其性能要求 | 5次循环后的质量损失/% |
|---|---|
| 在严寒及寒冷地区室外使用，并经常处于潮湿或干湿交替状态下的混凝土<br>有腐蚀性介质作用或经常处于水位变化区的地下结构<br>有抗疲劳、耐磨、抗冲击等要求的混凝土 | ≤8 |
| 在其他条件下使用的混凝土 | ≤12 |

**5. 有害物质含量**

碎石或卵石中的硫化物和硫酸盐含量以及卵石中有机物等有害物质含量，应符合表2-27的规定。

表 2-27 碎石或卵石中的有害物质含量

| 项目 | 质量要求 |
|---|---|
| 硫化物及硫酸盐含量/（折算成$SO_3$，按质量计，%） | ≤1.0 |
| 卵石中有机物含量（用比色法试验） | 颜色应不深于标准色。当颜色深于标准色时，应配制成混凝土进行强度对比试验，抗压强度比应不低于0.95 |

注：当碎石或卵石中含有颗粒状硫酸盐或硫化物杂质时，应进行专门检验，确认能满足混凝土耐久性要求后，方可使用。

**6. 碱活性**

对于长期处于潮湿环境的重要结构混凝土，其所使用的碎石或卵石应进行的碱活性检验。

进行碱活性检验时，首先应采用岩相法检验碱活性骨料的品种、类型和数量。当检验出骨料中含有活性二氧化硅时，应采用快速砂浆棒法和砂浆长度法进行碱活性检验；当检验出骨料中含有活性碳酸盐时，应采用岩石柱法进行碱活性检验。

经上述检验，当判定骨料存在潜在碱-碳酸盐反应危害时，不宜用做混凝土骨料；否则，应通过专门的混凝土试验,做最后评定。

当判定骨料存在潜在碱-硅反应危害时,应控制混凝土中的碱含量不超过3kg/m³,或采取能抑制碱-骨料反应的有效措施。

**注:** 碱-骨反应有三个必要条件才发生,高碱、活性骨料、潮湿环境;判定材料是否可使用,应根据工程情况确定。

## 四、砂

依据《普通混凝土用砂、石质量及检验方法标准》JGJ 52的规定如下:

1. 颗粒级配

砂的粗细程度按细度模数$\mu_f$分为粗、中、细、特细四级,其范围应符合下列规定:

粗砂:$\mu_f = 3.7 \sim 3.1$

中砂:$\mu_f = 3.0 \sim 2.3$

细砂:$\mu_f = 2.2 \sim 1.6$

特细砂:$\mu_f = 1.5 \sim 0.7$

除特细砂外,砂的颗粒级配可按公称直径630μm筛孔的累计筛余量(以质量百分率计),分成三个级配区(表2-28),且砂的颗粒级配应处于表2-28中的某一区内。

表 2-28　砂颗粒级配区

| 累计筛余/%　　级配区　　　　公称粒径 | Ⅰ区 | Ⅱ区 | Ⅲ区 |
|---|---|---|---|
| 5.00mm | 10～0 | 10～0 | 10～0 |
| 2.50mm | 35～5 | 25～0 | 15～0 |
| 1.25mm | 65～35 | 50～10 | 25～0 |
| 630μm | 85～71 | 70～41 | 40～16 |
| 315μm | 95～80 | 92～70 | 85～55 |
| 160μm | 100～90 | 100～90 | 100～90 |

注:1. 砂的实际颗粒级配与表2-28中的累计筛余相比,除公称粒径为5.00mm和630μm的累计筛余外,其余公称粒径的累计筛余可稍有超出分界线,但总超出量不应大于5%。

　　2. 当天然砂的实际颗粒级配不符合要求时,宜采取相应的技术措施,并经试验证明能确保混凝土质量后,方允许使用。

　　3. 配制混凝土时宜优先选用Ⅱ区砂。当采用Ⅰ区砂时,应提高砂率,并保持足够的水泥用量,满足混凝土的和易性;当采用Ⅲ区砂时,宜适当降低砂率;当采用特细砂时,应符合相应的规定。

　　4. 配制泵送混凝土,宜选用中砂。

2. 含泥量及泥块含量

天然砂中含泥量及泥块含量应符合表2-29的规定。

表 2-29　天然砂中含泥量及泥块含量

| 混凝土强度等级 | ≥C60 | C55～C30 | ≤C25 |
|---|---|---|---|
| 含泥量/(按质量计, %) | ≤2.0 | ≤3.0 | ≤5.0 |
| 泥块含量/(按质量计, %) | ≤0.5 | ≤1.0 | ≤2.0 |

注:对于有抗冻、抗渗或其他特殊要求的小于或等于C25混凝土用天然砂,其含泥量不应大于3.0%,泥块含量不应大于1.0%。

3. 石粉含量

机制砂或混合砂中石粉含量应符合表2-30的规定。

**表 2-30　机制砂或混合砂中石粉含量**

| 混凝土强度等级 | | ≥C60 | C55~C30 | ≤C25 |
|---|---|---|---|---|
| 石粉含量/% | MB<1.4（合格） | ≤5.0 | ≤7.0 | ≤10.0 |
| | MB≥1.4（不合格） | ≤2.0 | ≤3.0 | ≤5.0 |

4. 坚固性

砂的坚固性应采用硫酸钠溶液检验,试样经5次循环后,其质量损失应符合表2-31的规定。

**表 2-31　砂的坚固性指标**

| 混凝土所处的环境条件及其性能要求 | 5 次循环后的质量损失/% |
|---|---|
| 在严寒及寒冷地区室外使用并经常处于潮湿或干湿交替状态下的混凝土 | ≤8 |
| 对于有抗疲劳、耐磨、抗冲击要求的混凝土 | |
| 有腐蚀介质作用或经常处于水位变化区的地下结构混凝土 | |
| 其他条件下使用的混凝土 | ≤10 |

5. 压碎指标

机制砂的总压碎值指标应小于30%。

6. 有害物质含量

当砂中含有云母、轻物质、有机物、硫化物及硫酸盐等有害物质时,其含量应符合表2-32的规定。

**表 2-32　砂中的有害物质含量**

| 项目 | 质量要求 |
|---|---|
| 云母含量/（按质量计,%） | ≤2.0 |
| 轻物质含量/（按质量计,%） | ≤1.0 |
| 硫化物及硫酸盐含量/（折算成$SO_3$,按质量计,%） | ≤1.0 |
| 有机物含量（用比色法试验） | 颜色应不深于标准色。当颜色深于标准色时,应按水泥胶砂强度试验方法进行强度对比试验,抗压强度比不应低于0.95 |

注: 1. 对于有抗冻、抗渗要求的混凝土用砂,其云母含量不应大于1.0%。
　　2. 当砂中含有颗粒状硫化物或硫酸盐杂质时,应进行专门检验,确认能满足混凝土耐久性要求后,方可使用。

7. 碱活性

对于长期处于潮湿环境的重要混凝土结构用砂,应采用砂浆棒（快速法）或砂浆长度法进行骨料的碱活性试验。经上述检验判断为有潜在危害时,应控制混凝土中的碱含量不超过3kg/m³, 或采取能抑制碱–骨料反应的有效措施。

8. 氯离子含量

砂中氯离子含量应符合下列规定：

（1）对于钢筋混凝土用砂，其氯离子含量不得大于0.06%（以干砂的质量百分率计）；

（2）对于预应力混凝土用砂，其氯离子含量不得大于0.02%（以干砂的质量百分率计）。

# 五、水

依据《混凝土用水标准》JGJ 63的规定，混凝土用水的质量要求如下：

1. 混凝土用水的物质含量限值

混凝土拌合用水水质要求应符合表2-33的规定。

混凝土养护用水可不检验不溶物和可溶物，其他检验项目应符合表2-33的要求。

**表 2-33　混凝土拌合用水水质要求**

| 项目 | 预应力混凝土 | 钢筋混凝土 | 素混凝土 |
|---|---|---|---|
| pH值 | ≥5.0 | ≥4.5 | ≥4.5 |
| 不溶物/(mg/L) | ≤2000 | ≤2000 | ≤5000 |
| 可溶物/(mg/L) | ≤2000 | ≤5000 | ≤10000 |
| $Cl^-$/(mg/L) | ≤500 | ≤1000 | ≤3500 |
| $SO_4^{2-}$/(mg/L) | ≤600 | ≤2000 | ≤2700 |
| 碱含量/(mg/L) | ≤1500 | ≤1500 | ≤1500 |

注：1. 碱含量$Na_2O+0.658K_2O$按计算值来表示。采用非碱活性骨料时，可不检验碱含量。
　　2. 对于设计使用年限为100年的结构混凝土，氯离子含量不得超过500mg/L。
　　3. 对使用钢丝或经热处理钢筋的预应力混凝土，氯离子含量不得超过350mg/L。

2. 放射性

混凝土拌合用水和混凝土养护用水的放射性应符合现行国家标准《生活饮用水卫生标准》GB 5749的规定，水中放射性物质不得危害人体健康，其中$\alpha$放射性核素的总$\alpha$放射性体积活度的限值为0.5Bq/L，$\beta$放射性核素的总$\beta$放射性体积活度的限值为1Bq/L。

3. 对凝结时间影响的要求

混凝土拌合用水应与饮用水样进行水泥凝结时间对比试验。对比试验的水泥初凝时间差及终凝时间差均不应大于30min；同时，初凝和终凝时间应符合现行国家标准《通用硅酸盐水泥》GB 175的规定。

混凝土养护用水可不检验水泥凝结时间。

4. 对抗压强度影响的要求

混凝土拌合用水应与饮用水样进行水泥胶砂强度对比试验，混凝土拌合用水配制的水泥胶砂3d和28d强度不应低于饮用水配制的水泥胶砂3d和28d强度的90%。

混凝土养护用水可不检验水泥胶砂强度。

5. 其他要求

混凝土拌合用水不应有漂浮明显的油脂和泡沫，不应有明显的颜色和异味。

## 六、粉煤灰

依据《用于水泥和混凝土中的粉煤灰》GB/T 1596中粉煤灰的性能指标,见表2-34。

表 2-34 粉煤灰技术指标

| 检验项目 | | 标准要求 | | |
|---|---|---|---|---|
| | | I级 | II级 | III级 |
| 细度(45μm方孔筛筛余),不大于/% | F类 | 12.0 | 25.0 | 45.0 |
| | C类 | | | |
| 需水量比,不大于/% | F类 | 95 | 105 | 115 |
| | C类 | | | |
| 烧失量,不大于/% | F类 | 5.0 | 8.0 | 15.0 |
| | C类 | | | |
| 含水量,不大于/% | F类 | 1.0 | | |
| | C类 | | | |
| 三氧化硫,不大于/% | F类 | 3.0 | | |
| | C类 | | | |
| 游离氧化钙,不大于/% | F类 | 1.0 | | |
| | C类 | 4.0 | | |
| 安定性(雷氏夹沸煮后增加距离)(mm),不大于/% | C类 | 5 | | |

## 七、矿渣粉

依据《用于水泥和混凝土中的粒化高炉矿渣粉》GB/T 18046矿渣粉的技术指标,见表2-35。

表 2-35 矿渣粉技术指标

| 检验项目 | | 标准要求 | | |
|---|---|---|---|---|
| | | S105 | S95 | S75 |
| 密度/(g/cm³) | | ≥2.8 | | |
| 比表面积/(m²/kg) | | ≥500 | ≥400 | ≥300 |
| 活性指数/% | 7d | ≥95 | ≥75 | ≥55 |
| | 28d | ≥105 | ≥95 | ≥75 |
| 流动度比/% | | ≥95 | | |
| 氯离子(质量分数)/% | | ≤0.06 | | |
| 烧失量(质量分数)/% | | ≤3.0 | | |
| 三氧化硫(质量分数)/% | | ≤4.0 | | |
| 含水量(质量分数)/% | | ≤1.0 | | |
| 玻璃体含量(质量分数)/% | | ≥85 | | |
| 放射性 | | 合格 | | |

## 第四节 原材料清仓管理办法

所有原材料(主要粉料、外加剂)应按生产厂家、品种规格等不同,分别存放在各原材料仓内,并标识明确。如需换仓时,材料员必须在该仓内将原材料使用完毕后,组织相关人员进行清仓,确保该仓清理干净后,方可放入其他原材料,并做记录。盘仓记录见表2-36。

**表 2-36 原材料清仓及入仓记录表**

| 机组 | | | 仓号 | |
|---|---|---|---|---|
| 清仓记录 | 储存原材料名称、生产厂家、规格、型号 | | | |
| | 清仓情况 | | | |
| | 清仓人: | 日期: | | 时间: |
| | 材料员: | 日期: | | 时间: |
| | 质检员: | 日期: | | 时间: |
| | 搅拌站操作员: | 日期: | | 时间: |
| 入仓记录 | 入仓原材料名称、生产厂家、规格型号 | | | |
| | 材料员: | 日期: | | 时间: |
| | 质检员: | 日期: | | 时间: |
| | 搅拌站操作员: | 日期: | | 时间: |
| 审批 | | | | |

## 第五节 不合格原材料管理办法

在进行原材料的质量验收时,如发现原材料不符合采购合同或有关材料技术标准要求时,试验人员应通知材料员,材料员负责退货处理并做好记录。每年根据不合格品处置记录进行统计,根据统计结果对原材料厂家进行评价。记录见表2-37。

**表 2-37 原材料进场检验不合格处置记录**

| 进场日期 | 进货单位 | 材料名称、规格、型号 | 车号 | 不合格原因 | 处理措施 | 经办人 | 备注 |
|---|---|---|---|---|---|---|---|
| | | | | | | | |
| | | | | | | | |
| | | | | | | | |

注:技术部可定期对材料质量做统计分析,提供给相关部门用于确定是否继续与材料供方合作或合同履约。

# 第三章 试验管理

试验管理是预拌混凝土企业技术管理的核心。试验室除应按照国家、行业和地方的现行技术规范、标准进行混凝土及原材料试验外，还应根据企业情况和客户的要求进行混凝土配合比的储备工作。

## 第一节 原材料试验

试验室应根据原材料试验委托要求，按照相关规范和标准要求对混凝土原材料进行试验检验，在试验过程中要使用规定仪器、设备，控制试验要点，并记录相应的试验记录、台账，出具试验报告，按要求进行留样。试验记录应由试验员人工记录试验数据并计算结果，如图3-1所示。

### 一、原材料必试项目及试验所需仪器设备、试验依据的标准

（1）表3-1 砂必试项目及试验所需仪器设备、试验依据的标准。

（2）表3-2 石必试项目及试验所需仪器设备、试验依据的标准。

（3）表3-3 水泥必试项目及试验所需仪器设备、试验依据的标准。

（4）表3-4 粉煤灰必试项目试验所需仪器设备、试验依据的标准。

（5）表3-5 矿渣粉必试项目试验所需仪器设备、试验依据的标准。

（6）表3-6 外加剂必试项目试验所需仪器设备、试验依据的标准。

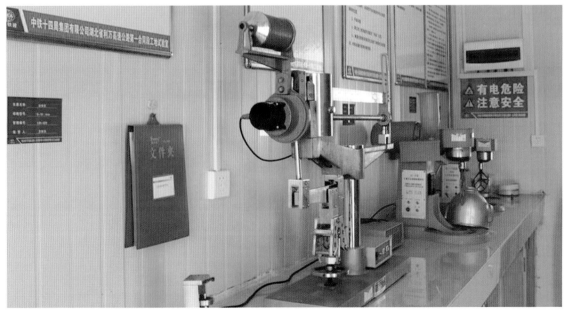

**图 3-1 水泥试验室**

# 表3-1　砂必试项目试验汇总

| 种类 | 必试项目 | 主要试验设备及要求（设备检定/校准证明在有效期且满足要求） | 测定值取值要求 |
|---|---|---|---|
| 砂试验 | 筛分析 | 方孔试验筛一套（公称直径分别为：10.0mm、5.00mm、2.50mm、1.25mm、0.630mm、0.315mm、0.160mm），筛框直径为300mm或200mm<br>天平：称量1000g，感量1g<br>摇筛机<br>烘箱：温度控制范围为(105±5)℃ | 以两个试样试验结果的算术平均值作为测定值，精确至0.1。两次结果之差大于0.2时，应重新取样进行试验 |
| | 含泥量（石粉含量） | 天平：称量1000g，感量1g<br>烘箱：温度控制范围为(105±5)℃<br>试验筛：公称直径为0.08mm、1.25mm的方孔筛各一个 | 精确至0.1%，以两个试样试验结果的算术平均值作为测定值。两次结果之差大于0.5%时，应重新取样进行试验 |
| | 泥块含量 | 天平：称量1000g，感量1g<br>烘箱：温度控制范围为(105±5)℃<br>试验筛：公称直径为0.630mm、1.25mm的方孔筛各一个 | 精确至0.1%，以两个试样试验结果的算术平均值作为测定值 |
| | 石粉含量（亚甲蓝法） | 烘箱：温度控制范围为(105±5)℃<br>天平：称量1000g，感量1g；称量100g，感量0.01g<br>试验筛：公称直径为0.08mm、1.25mm的方孔筛各一个<br>移液管：5ml、2ml移液管各一个<br>三片或四片叶轮式搅拌器：转速可调最高达(600±60)r/min，直径(75±10)mm<br>定时装置：精度1s<br>温度计：精度1℃<br>玻璃棒：2支，直径8mm、长300mm<br>滤纸：快速 | MB值精确至0.01g/kg。当MB值<1.4时，则判定是以石粉为主；当MB值≥1.4时，则判定为以泥粉为主的石粉 |

注：检验方法及评定标准依据《普通混凝土用砂、石质量及检验方法标准》JGJ 52。

表3-2 不必试验项目试验汇总

| 种类 | 必试项目 | 主要试验设备及要求（设备检定/校准证明在有效期且满足要求） | 测定值取值要求 |
|---|---|---|---|
| 石试验 | 筛分析 | 方孔试验筛（公称直径分别为：100.0mm、80.0mm、63.0mm、50.0mm、40.0mm、31.5mm、25.0mm、20.0mm、16.0mm、10.0mm、5.00mm、2.50mm），筛框直径为300mm<br>天平和秤：天平的称量5kg，感量5g；秤的称量20kg，感量20g<br>摇筛机 | 分计筛余精确至0.1%，累计筛余精确至1%，根据各筛的累计筛余评定试样的颗粒级配 |
| | 含泥量 | 烘箱：温度控制范围力(105±5)℃<br>秤：秤的称量20kg，感量20g | 精确至0.1%，以两个试样试验结果的算术平均值作为测定值。两次结果之差大于0.2%时，应重新取样进行试验 |
| | 泥块含量 | 烘箱：温度控制范围力(105±5)℃<br>试验筛：公称直径为0.08mm、1.25mm的方孔筛一只<br>秤：秤的称量20kg，感量20g<br>试验筛：公称直径为2.50mm、5.00mm的方孔筛一只<br>烘箱：温度控制范围力(105±5)℃ | 精确至0.1%，以两个试样试验结果的算术平均值作为测定值 |
| | 针片状颗粒含量 | 针状规准仪和片状规准仪或游标卡尺<br>天平和秤：天平的称量2kg，感量2g；秤的称量20kg，感量20g<br>试验筛：筛孔公称直径分别为：5.00mm、10.0mm、20.0mm、25.0mm、31.5mm、40.0mm、63.0mm、80.0mm的方孔筛各一只，根据需要选用<br>卡尺 | 精确至1% |
| | 压碎值指标（选项） | 压力试验机：荷载300kN<br>压碎值指标测定仪<br>秤：秤的称量5kg，感量5g<br>试验筛：公称直径为10.0mm、20.0mm的方孔筛各一只 | 精确至0.1%，以三次试验结果的算术平均值作为压碎指标测定值 |

注：检验方法及评定标准依据《普通混凝土用砂、石质量及检验方法标准》JGJ 52。

**表 3-3　水泥必试项目试验汇总**

| 种类 | 必试项目 | 主要试验设备要求（设备及检定/校准证明在有效期且满足要求） | 测定值取值要求 |
|---|---|---|---|
| 水泥试验 | 凝结时间 | 水泥净浆搅拌机：符合《水泥净浆搅拌机》JC/T 729<br>标准法维卡仪：符合《水泥标准稠度用水量、凝结时间、安定性检验方法》GB/T 1346（代用法维卡仪：符合JC/T 727）<br>量筒或滴定管：精度±0.5ml<br>天平：最大称量不小于1000g，分度值不大于1g | 初凝：当初凝针沉至距底板（4±1）mm时，为初凝状态，初凝时间为从水泥全部加入水中至初凝状态的时间，用min表示<br>终凝：当试针沉入试体0.5mm时，即环形附件开始不能在试体上留下痕迹时，为终凝状态，终凝时间为从水泥全部加入水中至终凝状态的时间，用min表示 |
| | 安定性 | 雷氏夹：符合《水泥标准稠度用水量、凝结时间、安定性检验方法》GB/T 1346<br>雷氏夹膨胀测定仪：标尺最小刻度为0.5mm<br>沸煮箱：符合《水泥安定性试验用沸煮箱》JC/T 955<br>量筒或滴定管：精度±0.5ml<br>天平：最大称量不小于1000g，分度值不大于1g | 标准法：当两个试件煮后增加距离的平均值不大于5.0mm，安定性合格。当该值大于5.0mm时，应用同一样品重新试验，以复检结果为准。精确至0.5mm<br>代用法：目测试饼未发现裂缝，用钢板尺检查也未弯曲，安定性合格；反之为不合格。当两个试饼检查结果不一致时，为不合格。 |
| | 胶砂强度<br>（3d、28d） | 水泥净浆搅拌机：符合《水泥净浆搅拌机》JC/T 729<br>水泥胶砂搅拌机：符合《行星式水泥胶砂搅拌机》JC/T 681<br>水泥胶砂振动台：符合《水泥胶砂振动台》JC/T 723<br>水泥胶砂试模：符合《水泥胶砂试模》JC/T 726<br>水泥标准养护箱：温度（20±1）℃，相对湿度不低于90%<br>水泥标准养护设备：温度（20±1）℃<br>电动抗折试验机：符合《水泥胶砂抗折试验机》JC/T 724<br>压力试验机：符合《水泥胶砂强度检验方法》GB/T 17671<br>抗压强度试验机用夹具：符合《40mm×40mm水泥抗压夹具》JC/T 683<br>天平：精度为±1g | 抗折强度：以一组三个结果的算术平均值作为试验结果。当三个强度值中有超出平均值的±10%时，应剔除后再取平均值作为抗折强度试验结果，精确至0.1MPa<br>抗压强度：以一组六个结果的算术平均值作为试验结果。六个测定值中有一个超出六个平均值的±10%时，就应从六个测定值中剔除这个数，而以剩下五个的平均数为结果。如果五个测定值中有超出它们平均值的±10%的，则此组结果作废，精确至0.1MPa |

注：检验方法依据《水泥标准稠度用水量、凝结时间、安定性检验方法》GB/T 1346、《水泥胶砂强度检验方法（ISO法）》GB/T 17671。评定标准依据《通用硅酸盐水泥》GB 175。

表3-4 粉煤灰必试项目试验汇总

| 种类 | 必试项目 | 主要试验设备及要求（设备检定/校准证明在有效期且满足要求） | 测定值取值要求 |
|---|---|---|---|
| 粉煤灰 | 细度 | 烘箱：温度控制范围为105~110℃<br>干燥器：内装变色硅胶<br>负压筛析仪 | 精确至0.1% |
| | 烧失量 | 天平：量程不小于50g，最小分度值不大于0.01g<br>天平：精确至0.0001g<br>干燥器：内装免色硅胶<br>高温炉：温度可控制在（950±25）℃ | 以两次试验结果的平均值表示测定结果，其重复性限为0.15%。当同一人对同一试样的两次测定的两次试验结果之差大于0.15%时，应在短时间内进行第二次测定。测定结果与前两次分析任一次分析结果与标准值之差符合标准规定时，取其平均值；如其差值大于第三次进行分析或试验，结果精确至0.01% |
| | 需水量比 | 天平：量程不小于1000g，最小分度值不大于1g<br>水泥胶砂搅拌机：符合《行星式水泥胶砂搅拌机》JC/T 681<br>流动度跳桌：符合《水泥胶砂流动度测定方法》GB/T 2419 | 精确至1% |

注：检验方法依据《用于水泥和混凝土和混凝土中的粉煤灰》GB/T 1596。《水泥化学分析方法》GB/T 176。评定标准依据《用于水泥和混凝土中的粉煤灰》GB/T 1596。

表 3-5　矿渣粉必试项目试验汇总

| 种类 | 必试项目 | | 主要试验设备及要求（设备检定校准证明在有效期且满足要求） | 测定值取值要求 |
|---|---|---|---|---|
| 矿粉 | 比表面积 | | 勃氏比表面积透气仪：符合《勃氏透气仪》JC/T 956 | 由两次透气试验结果的平均值确定。如两次试验结果相差2%以上时，应重新试验，计算结果保留至10cm²/g（1m²/kg） |
| | | | 烘箱：控制温度灵敏度±1℃ | |
| | | | 李氏瓶：符合《水泥密度测定方法》GB/T 208 | |
| | | | 方孔筛：0.9mm | |
| | | | 天平：分度值为0.001g | |
| | | | 秒表：精确至0.5s | |
| | 活性指数（A₇、A₂₈） | | 水泥胶砂搅拌机：符合《行星式水泥胶砂搅拌机》JC/T 681 | |
| | | | 水泥胶砂振动台：符合《水泥胶砂振动台》JC/T 723 | |
| | | | 水泥试模：符合《水泥胶砂试模》JC/T 726 | |
| | | | 水泥标准养护箱：温度（20±1）℃，相对湿度不低于90% | |
| | | | 水泥养护设备：温度（20±1）℃ | |
| | | | 电动抗折试验机：符合《水泥胶砂电动抗折试验机》JC/T 724 | |
| | | | 压力试验机：符合《水泥胶砂强度检验方法》GB/T 17671 | |
| | | | 抗压强度试验机用夹具：符合《40mm×40mm水泥抗压夹具》JC/T 683 | |
| | | | 天平：精度为±1g | 精确至1% |
| | 流动度比 | | 水泥胶砂搅拌机：符合《行星式水泥胶砂搅拌机》JC/T 681 | |
| | | | 天平：精度为±1g | |
| | | | 流动度跳桌：符合《水泥胶砂流动度测定方法》GB/T 2419 | 精确至1% |

注：检验方法依据《水泥胶砂流动度测定方法》GB/T 2419、《水泥胶砂强度检验方法（ISO法）》GB/T 17671、《水泥化学分析》GB/T 176。评定标准依据《用于水泥和混凝土中的粒化高炉矿渣粉》GB/T 18046。

**表 3-6 外加剂必试项目试验汇总**

| 种类 | 必试项目 | 主要试验设备及要求（设备检定/校准证明在有效期在有效期满足要求） | 测定值取值要求 |
|---|---|---|---|
| 外加剂（GB 8076所涉及的外加剂） | pH值 | 酸度计<br>甘汞电极<br>玻璃电极<br>复合电极 | 酸度计测出的结果即为溶液的pH值，重复性限为0.2% |
| | 密度 | 方法1 比重瓶法<br>比重瓶：25ml或50ml<br>天平：分度值0.0001g<br>干燥器：内装变色硅胶，超级恒温器或同条件的恒温设备<br>方法2 液体比重天平法<br>液体比重天平<br>超级恒温器或同条件的恒温设备<br>方法3 精密密度计法<br>波美比重计<br>精密密度计<br>超级恒温器或同条件的恒温设备 | 重复性限为0.001% |
| | 细度 | 天平：称量100g，分度值0.1g<br>试验筛：采用孔径为0.315mm的钢丝网筛布，筛框有效直径150mm，筛布应紧绷在筛框上，接缝必须严密，并附有筛盖 | 重复性限为0.40% |
| | 含固量（含水率） | 烘箱：100~105℃<br>天平：分度值0.01g<br>鼓风电热恒温干燥箱，温度范围0~200℃<br>带盖称量瓶：65mm×25mm<br>干燥器：内盛变色硅胶<br>天平：分度值不低于0.0001g | 重复性限为0.30% |
| | 混凝土减水率 | 单卧轴式强制搅拌机：容量为60L | 以三批试验的算术平均值计，精确至1%。若三批试验的最大值或最小值中有一个与中间值之差超过中间值的15%时，则把最大值与最小值一并舍去，取中间值作为该组试验的减水率。若两个测值与中间值之差均超过15%，应该重做 |
| | 抗压强度比 | 单卧轴式强制搅拌机：容量为60L | 以三批试验测值的算术平均值计，结果精确到1%。若三批试验中有一批的最大值或最小值中有一个与中间值之差超过中间值的15%时，则把最大值与最小值一并舍去，取中间值作为该组试验值。若两批测值与中间值之差均超过中间值的15%，则该批试验结果无效，应该重做 |
| | 凝结时间差 | 单卧轴式强制搅拌机：容量为60L<br>贯入阻力仪（精度10N） | 以三批试验测值的算术平均值计，若三批试验的最大值或最小值中有一个与中间值之差超过30min时，则把最大值与最小值一并舍去，取中间值作为该组试验的凝结时间。若最大值和最小值与中间值之差均超过30min时，应该重做。凝结时间以min表示，并修约到5min |
| | 含气量 含气量经时损失 | 含气量测定仪 | 以三批试验的算术平均值计，结果精确到0.1%。若三批试验的最大值或最小值中有一个与中间值之差超过0.5%时，则把最大值与最小值一并舍去，取中间值作为该组试验的含气量。若最大值和最小值与中间值之差均超过0.5%时，则应重做，结果约到5min |
| | 坍落度1h经时变化值 | 单卧轴式强制搅拌机：容量为60L | 坍落度变化量以三次试验的平均值计。三次试验的最大值和最小值与中间值之差超过10mm时，将最大值和最小值一并舍去，取中间值作为试验结果；若最大值和最小值与中间值之差均超过10mm时，则应重做，结果修约约5mm |

| 种类 | 必试项目 | 主要试验设备及要求（设备检定校准证明在有效期且满足要求） | 测定值取值要求 |
|---|---|---|---|
| 防冻剂 | 密度（细度） | 同减水剂 | 同减水剂 |
| | 含固量（含水率） | 方法1 离子色谱法（仲裁时需采用此方法）<br>离子色谱仪：包括电导检测器，阴阳分离柱，进样定量环（25μL,50μL,100μL）<br>0.22μm水性针头微孔滤器<br>On Guard Rp柱：功能基为聚二乙烯苯<br>注射器：1.0mL、2.5mL<br>淋洗液体系选择：碳酸盐淋洗液体系，氢氧化钾淋洗液体系<br>抑制器：连续自动再生膜阴离子抑制器或微填充床抑制器<br>检出限：0.01μg/mL | 在重复性条件下测定两次，所得结果应按GB/T8170修约，保留两位有效数字；如果委托试样的两个供货合同或有关标准另有要求时，可按要求保留数位数约。当所测得的两个有效数字之差不大于GB8076-2008中附录B表B.1试样（见下表）所规定的允许差时；否则应重新进行试验，以其算术平均值作为最终分析结果 |
| | 氯离子含量 | 方法2 电位滴定法<br>电位测定仪或酸度计<br>银电极或氯电极<br>甘汞电极<br>电磁搅拌器<br>滴定管（25mL）<br>移液管（10mL）<br>天平：分度值0.0001g | 重复性限为0.05%；再现性限为0.08% |
| | 碱含量（总碱量） | 方法1 火焰光度法<br>火焰光度计<br>天平：分度值0.0001g | 重复性限和再现性限符合《混凝土外加剂匀质性试验方法》GB/T8077-2012中15.1.5表3的要求： |

含固量（含水率）测定值取值要求附表：

| Cl⁻含量范围/% | 允许差/% |
|---|---|
| <0.01 | 0.001 |
| 0.01~0.1 | 0.02 |
| 0.1~1 | 0.1 |
| 1~10 | 0.2 |
| >10 | 0.25 |

碱含量（总碱量）测定值取值要求附表：

| 总碱量/% | 重复性限/% | 再现性限/% |
|---|---|---|
| 1.00 | 0.10 | 0.15 |
| 1.00~5.00 | 0.20 | 0.30 |
| 5.00~10.00 | 0.30 | 0.50 |
| >10.00 | 0.50 | 0.80 |

续表

| 种类 | 必试项目 | 主要试验设备及要求（设备检定验收证明在有效期且满足要求） | 测定值取值要求 |
|---|---|---|---|
| 防冻剂 | 碱含量（总碱量） | 方法2 原子吸收光谱法 | 重复性限和再现性限符合《水泥化学分析方法》GB/T 176—2008中表1的要求，见下表：<br><br>成分 \| 重复限/% \| 再现性限/%<br>氧化钾（基准法）\| 0.10 \| 0.15<br>氧化钠（基准法）\| 0.05 \| 0.10 |
| | 含气量 | 含气量测定仪：应符合《普通混凝土拌和物性能试验方法标准》GB/T 50080中7.0.2的要求<br>捣棒：应符合《混凝土坍落度仪》JG 3021中技术要求的规定<br>振动台：应符合《混凝土试验用振动台》JG/T 3020中技术要求的规定<br>台秤：称量50kg，感量50g<br>橡皮锤：应带有质量约250g的橡皮锤头 | 含气量以三个试样测值的算术平均值来表示。若三个试样中的最大值或最小值中有一个与中间值之差超过0.5%时，将最大值与最小值一并舍去，取中间值作为该批的试验结果；如果最大值与中间值之差均超过0.5%，则应重做。含气量测定值精确至0.1% |
| 膨胀剂 | 细度 | 1. 比表面积<br>勃氏比表面积透气仪：符合《勃氏透气仪》JC/T 956要求<br>烘箱：控制温度灵敏度±1℃<br>李氏瓶：符合《水泥密度测定方法》GB/T 208的要求<br>方孔筛：0.9mm<br>天平：分度值0.001g<br>秒表：精确至0.5s<br>2. 手工干筛法（1.18mm筛余）<br>采用《试验筛技术要求和检验第1部分：金属丝编织网试验筛》GB/T 6003.1规定的金属筛 | 由两次透气试验结果的平均值确定。如两次试验结果相差2%以上时，应重新试验。计算结果保留至10cm²/g（1m²/kg）<br><br>精确至0.1% |
| | 限制膨胀率<br>（转空气中21不足必试项目） | 胶砂搅拌机：符合《行星式胶砂搅拌机》JC/T 681<br>胶砂振动台：符合《胶砂振动台》JC/T 723<br>试模：符合《胶砂试模》JC/T 726<br>测量仪：测量由千分表和支架组成，千分表量程不应小于0.001mm<br>纵向限制器：纵向限制器不应变形，生产检验使用次数不应超过5次，伸缩检验不应超过一次<br>膨胀剂养护箱：温度（20±2）℃，湿度（60±5）%<br>养护设备：温度（20±2）℃ | 取相近的两条试体限制膨胀率测量值的平均值作为限制膨胀率测量结果，计算应精确至后三位 |

注：
1. 检验方法：高性能减水剂、高效减水剂、高效能减水剂依据《混凝土外加剂匀质性试验方法》GB/T 8077、《混凝土外加剂》GB 8076、《混凝土防冻剂》JC 475、《混凝土膨胀剂》GB 23439。
2. 评定标准：高性能减水剂、高效减水剂、高效能减水剂评定标准依据《混凝土外加剂》GB 8076，防冻剂评定标准依据《混凝土防冻剂》JC 475，膨胀剂评定依据标准《混凝土膨胀剂》GB 23439。

## 二、原材料试验控制要点

### （一）水泥

1. 胶砂强度

（1）搅拌叶片和锅之间间隙过大，会造成搅拌不均匀，影响检测结果，应每月检查一次（图3-2）。

（2）由于磨损或组装时缝隙未清理干净，造成尺寸超差，应及时更换。

（3）成型操作时，应该在试模上面加有一个壁高20mm的金属模套。当从上往下看时，模套壁与模型内壁应重叠，超过内壁不应大于1mm（图3-3）。

（4）养护时，试件放在不易腐烂的篦子上，并彼此间保持一定间距，保证水与试件的六个面接触，养护期间试件之间间隔及试体上表面的水深不得小于5mm（图3-4）。

（5）强度试验试体的龄期：从水泥加水搅拌开始计时 —— 24h±15min

　　　　　　　　　　　　　　　　　　　—— 48h±30min

　　　　　　　　　　　　　　　　　　　—— 72h±45min

　　　　　　　　　　　　　　　　　　　—— >28d±8h

2. 凝结时间、安定性

（1）在最初测定时，应轻轻扶持金属柱，使其徐徐下降，以防试针撞弯，但结果以自由下落为准。

（2）在整个测试过程中试针沉入的位置至少要距试模内壁10mm，而且要在几个不同点测试。

（3）当临近初凝时，每隔5min（或更短时间）测定一次，到达初凝时应立即重测一次。当两次结论相同时，才能确认到达初凝状态。

（4）当临近终凝时，每隔15min（或更短时间）测定一次。终凝时间确定：到达终凝时，应在试件另外两个不同点测试，确认结论相同才能确定到达终凝状态。

（5）净浆搅拌机搅拌叶片与搅拌锅间隙过大（使用时间长磨损）造成净浆搅拌不均匀，影响检测结果。

（6）搅拌叶片与锅底、锅壁的工作间隙：（2±1）mm（图3-5）。

（7）不同的试验室和不同的手法在装模时，对标准稠度用水量和凝结时间测定结果有一定影响。

图 3-2　搅拌叶片和锅

图 3-3　胶砂试模

图 3-4 水槽中试块

图 3-5 锅壁

## （二）矿渣粉

比表面积检测如下：

（1）两次试验要在同一试验室、由同一操作人员用相同仪器在短时间内完成。

（2）比表面积测定仪需每半年进行一次标定。出现故障维修后要重新标定（图3-6）。

（3）进行比表面积测定前要按标准对其密度进行测定，以密度的实际检测值计算试样量，试样量精确至0.001g。

（4）试料层制备：将称取的试样倒入圆筒后，要用捣器均匀捣实试料，直至捣器支持环与圆筒顶边接触，并旋转1~2圈（图3-7）。

（5）每次透气试验均需重新制备试料层，而每次试料层制备需用新的滤纸。

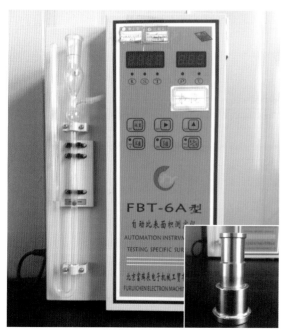

图 3-6 比表面积仪

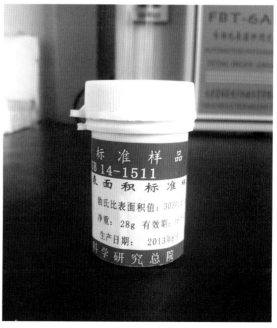

图 3-7 比表面积标准样

## （三）粉煤灰

### 1. 细度

（1）气流筛开始工作时，观察负压表，负压小于4000Pa时，则应停机，清理吸尘器的积灰。

（2）试验时，负压筛应保持清洁、干燥。

（3）接通电源后，应检查控制系统，调节负压至4000~6000Pa范围内。

（4）试验筛使用10次后应进行清洗，金属框筛、铜丝网筛应用专门的清洗剂，不可用弱酸浸泡。

（5）筛析150个样品后进行筛网的校正，筛网校正系数范围为0.8~1.2。

（6）细度的最终结果要用筛网校正系数进行修正。

### 2. 烧失量

（1）两次平行试验要在同一试验室，由同一操作员用相同的设备，按相同的测定方法，在短时间内对同一被测对象相互独立进行测试。

（2）试验过程中禁止其他人员随意出入此间试验室。

（3）恒量：《水泥化学分析方法》GB/T 176的4.5条：经第一次灼烧、冷却、称重后，通过连续对每次15min的灼烧，然后冷却、称量的方法来检查恒定质量，当连续两次称量之差小于0.0005g时，即达到恒量。

（4）《水泥化学分析方法》GB/T 176表中说明烧失量的重复性限为0.15%。

### 3. 需水量比

（1）按GB/T 2419测定试验胶砂与对比胶砂的流动度，以两者流动度达到130~140mm时的加水量之比确定粉煤灰的需水量比。

（2）当采用GSB 14-1510强度检验用水泥标准样品时，对比胶砂的加水量为125mL，也可采用生产用水泥样品，此时的对比胶砂的加水量为以流动度达到130~140mm时的加水量，有争议时采用GSB 14-1510强度检验用水泥。

（3）标准砂：符合GB/T 17671规定的0.5~1.0mm的中级砂。

（4）胶砂配比见表3-7。

**表 3-7　胶砂配比表**

| 胶砂种类 | 水泥/g | 粉煤灰/g | 标准砂/g | 加水量/mL |
|---|---|---|---|---|
| 对比胶砂 | 250 | — | 750 | 125 |
| 试验胶砂 | 175 | 75 | 750 | 按流动度达到130~140mm调整 |

## （四）砂、石

### 1. 取样与缩分

（1）从料堆上取样时，取样部位应均匀分布，先将取样部位表层铲除，由各部位抽取大致相等的砂8份、石16份组成各自一组试样。

（2）从皮带机上取样时，应在皮带运输机机尾的出料处用接料器定时抽取砂4份、石8份组成各自一组试样。

（3）从火车、汽车、货船上取样时，应从不同部位和深度抽取大致相等的砂8份、石16份组成各自一组试样。

（4）人工四分法缩分，应将试样置于平板上，在潮湿的状态下拌合均匀，并堆成厚度约为20mm的"圆饼"状,沿互相垂直的两条直径把"圆饼"分成大致相等的4份,取其对角两份重新拌合均匀,再堆成"圆饼",重复上述过程,直至把试样缩分后的材料量略多于试验所需量为止。

(5)碎石或卵石缩分时,在自然状态下拌合均匀,并堆成锥体,沿互相垂直的两条直径把锥体分成大致相等的4份,取其对角两份重新拌合均匀,再堆成锥体。重复上述过程,直至把试样缩分至试验所需量为止。

(6)砂、碎石或卵石的含水率、堆积密度、紧密密度检验所用的试样,可不经缩分,拌合均匀后直接进行试验。

2. 砂的筛分析试验

(1)应先将缩分好的试样过直径为10mm的方孔筛,并计算筛余。

(2)筛分析试验用筛应按筛孔大小顺序排列(大孔在上、小孔在下)。

(3)筛分10min后,应按筛孔由大到小的顺序在清洁的浅盘上逐一进行手筛,直至每分钟的筛出量不超过试样总量0.1%为止,通过的颗粒并入下一只筛子,和下一只筛子中的试样一起进行手筛,按这样的顺序依次进行。

(4)当试样的含泥量超过5%时,应先将试样进行水洗,烘干至恒重后再进行筛分析试验。

(5)试样在各只筛子上的筛余量均不得超过下式计算得出的剩余量,否则应将该筛的筛余试样分成两份或数份,再次进行筛分,并以其筛余之和作为该筛的筛余量。

$$m_t = \frac{A\sqrt{d}}{300}$$

式中 $m_t$——某一筛上的剩余量(g)

$\quad d$——筛孔边长(mm)

$\quad A$——筛的面积(mm$^2$)

(6)称取各筛筛余试样的质量(精确至1g),所有各筛的分计筛余量和底盘中的剩余量之和与筛分前的试样总量相比,相差不得超过1%。

(7)分计筛余和累计筛余均精确至0.1%。

(8)根据各筛两次试验累计筛余的平均值,评定该试样的颗粒级配分布情况,精确至1%。

(9)砂的细度模数以两次试验结果的算术平均值作为测定值,精确至0.1,当两次试验所得的细度模数之差大于0.20时,应重新取样进行试验。

3. 砂中含泥量试验(标准法)

(1)应先将试样缩分至1100g,烘干至恒重,冷却至室温后,称取各400g试样两份备用。

(2)浸泡过后,应用手淘洗,使浑浊液过公称直径为1.25mm和80μm的方孔套筛,1.25mm筛放置于上面,且两个筛子先用水润湿。

(3)重复上述试验后,将80μm的筛放入水中(使水面略高出筛中砂粒的上表面)来回摇动,以充分洗除小于80μm的颗粒。

(4)砂中含泥量应精确至0.1%,以两个试验结果的算术平均值作为测定值,结果之差大于0.5%时,应重新取样进行试验。

4. 砂的泥块含量试验

（1）应先将试样缩分至5000g，烘干至恒重，冷却至室温后，用公称直径1.25mm的方孔筛筛分，取筛上的砂不少于400g分为两份备用。

（2）此项试验应将试样浸泡24h，且使水面高出砂面约150mm。

（3）浸泡过后，用手在水中碾碎泥块，再把试样放入公称直径为630μm的方孔筛上，用水淘洗，直至水清澈为止。

（4）砂中泥块含量应精确至0.1%，以两次试样试验结果的算术平均值作为测定值。

5. 机制砂及混合砂中石粉含量试验（亚甲蓝法）

（1）亚甲蓝溶液的配制，应先将亚甲蓝粉末在（105±5）℃下烘干至恒重，称取亚甲蓝粉末10g，精确至0.01g，倒入盛有约600mL蒸馏水（水温加热至35～40℃）的烧杯中，用玻璃棒搅拌40min，直至亚甲蓝粉末完全溶解，冷却至20℃，将溶液倒入1L容量瓶中，用蒸馏水淋洗烧杯等，使所有亚甲蓝溶液全部移入容量瓶中，容量瓶和溶液的温度应保持在（20±1）℃，加蒸馏水至容量瓶1L刻度处，振荡容量瓶以保证亚甲蓝粉末完全溶解，将溶液移入深色储藏瓶中，标明制备日期、失效日期（亚甲蓝溶液保质期应不超过28d），并置于阴暗处保存。

（2）此项试验所用的试样应先筛除大于公称直径5.0mm的颗粒。

（3）亚甲蓝MB值应精确至0.01g，当MB值<1.4g时，则判定是以石粉为主，当MB值≥1.4g时，则判定为以泥粉为主的石粉。

6. 碎石或卵石的筛分析试验

（1）将试样按筛孔大小顺序过筛，当每只筛上的筛余厚度大于试样的最大粒径值时，应将该筛上的筛余试样分成两份，再次进行筛分，直至各筛每分钟的通过量不超过试样总量的0.1%。

（2）称取各筛筛余的质量，精确至试样总质量的0.1%，各筛的分计筛余量和筛底剩余量的总和与筛分前测定的试样总量相比，其相差不得超过1%。

（3）计算分计筛余，精确至0.1%，累计筛余精确至1%。

7. 碎石或卵石的表观密度试验（简易法）

（1）此试验方法不宜用于测定最大公称粒径超过40mm的碎石或卵石的表观密度。

（2）试验前，应先筛除公称粒径为5.00mm以下的颗粒，缩分至规定试验用量的两倍，且洗刷干净，分成两份备用。

（3）试样必须先要浸水饱和，装试样时，应将广口瓶倾斜放置，注入饮用水后，以上下左右摇晃方法排除气泡。

（4）碎石或卵石的表观密度试验结果表示，应精确至10kg/m³，以两次试验结果的算术平均值作为测定值，当两次结果之差大于20kg/m³时，应重新取样进行试验，对颗粒材质不均匀的试样，如两次试验结果之差大于20kg/m³时，可取四次测定结果的算术平均值作为测定值。

8. 碎石或卵石中含泥量试验

（1）将试样缩分时，应注意防止细粉丢失。此项试验要将试样浸泡2h，且应使水面高出石子表面150mm，浸泡过后，用手在水中进行淘洗，使浑浊液倒入公称直径为1.25mm及80μm的方孔套筛（1.25mm

筛放置上面)上,试验前两个筛子的表面应先用水润湿。

(2)重复上述试验过后,将公称直径为80μm的方孔筛放在水中(使水面略高出筛内颗粒)来回摇动。

(3)碎石或卵石的含泥量试验结果应精确至0.1%,以两个试样试验结果的算术平均值作为测定值,两次结果之差大于0.2%时,应重新取样进行试验。

9. 砂、石含水率试验(标准法)

按要求称取被测试样:砂500g,石1000g(最大公称粒径25mm及以下)放入已知质量的干燥容器中$(m_1)$,称取试样与容器的总质量$(m_2)$,将试样与容器放入温度为$(105\pm5)$℃的烘箱中烘干至恒重,称取烘干后的试样与容器的总质量$(m_3)$。

$$砂、石的含水率=\frac{m_2-m_3}{m_3-m_1}\times100\%$$

精确至0.1%,以两次试验结果的算术平均值作为测定值。

10. 碎石或卵石中泥块含量试验

(1)将试样缩分时,应注意防止将碎石或卵石中的黏土块被压碎。

(2)此项试验应先筛除5.00mm以下的颗粒,且浸泡24h。用手碾压泥块后,将试样放在公称直径为2.50mm的方孔筛上摇动淘洗,直至洗出的水清澈为止。

(3)泥块含量试验结果应精确至0.1%,以两个试样试验结果的算术平均值作为测定值。

11. 碎石或卵石中针状和片状颗粒的总含量试验

(1)将试样缩分至规定的试验用量后,筛分成表3-8所规定的粒级备用。

(2)碎石或卵石中针状和片状颗粒的总含量计算结果应精确至1%。

**表 3-8　粒级划分及其相应的规准仪孔宽或间距**

| 公称粒级/mm | 5.00~10.0 | 10.0~16.0 | 16.0~20.0 | 20.0~25.0 | 25.0~31.5 | 31.5~40.0 |
|---|---|---|---|---|---|---|
| 片状规准仪上相对应的孔宽/mm | 2.8 | 5.1 | 7.0 | 9.1 | 11.6 | 13.8 |
| 针状规准仪上相对应的间距/mm | 17.1 | 30.6 | 42.0 | 54.6 | 69.6 | 82.8 |

12. 碎石或卵石的压碎值指标试验

(1)标准试样一律采用公称粒径为10.0~20.0mm的颗粒,并在气干状态下进行试验。

(2)筛除试样中公称粒径10.0mm以下及20.0mm以上的颗粒,并用针状规准仪和片状规准仪剔除针状和片状颗粒,然后称取每份3kg的试样3份备用。

(3)试验过程中,应使压力试验机在160~300s内均匀地加荷到200kN,稳定5s后,然后卸荷倒出筒中试样称量,再用公称直径为2.50mm的方孔筛筛除被压碎的细粒,称量剩留在筛上的试样质量。

(4)碎石或卵石的压碎值指标结果应精确至0.1%,以三次试验结果的算术平均值作为测定值。

## (五)外加剂

1. 减水率试验

(1)减水率配合比应符合下列规定:掺高性能减水剂或泵送剂的基准混凝土和受检混凝土的单位水

泥用量为360kg/m³，掺其他外加剂的基准混凝土和受检混凝土的单位水泥用量为330kg/m³；掺高性能减水剂或泵送剂的基准混凝土和受检混凝土的砂率均为43%～47%，掺其他外加剂的基准混凝土和受检混凝土砂率为36%～40%，但掺引气减水剂或引气剂的受检混凝土的砂率应比基准混凝土的砂率低1%～3%；外加剂的掺量按生产厂家指定掺量。

（2）掺高性能减水剂或泵送剂的基准混凝土和受检混凝土的坍落度控制在（210±10）mm，掺其他外加剂的基准混凝土和受检混凝土的坍落度控制在（80±10）mm。

（3）此项试验中所指的用水量也包括液体外加剂、砂、石材料中所含的水量。

（4）试验所用原材料及环境温度应保持在（20±3）℃。

（5）试配的拌合量应不少于20L，且不宜大于45L。

2. 防冻剂的抗压强度比试验

（1）掺防冻剂的受检混凝土应在（20±3）℃的环境下，按照规定时间预养后移入冰柜或冰室，其环境温度应于3～4h内均匀地降至规定温度，冰柜或冰室应能有温度控制功能。

（2）抗压强度比是指受检各龄期的强度值与基准混凝土28d的强度值之比。

（3）受检混凝土与基准混凝土以三组试验结果强度的平均值计算抗压强度比，精确至1%。

3. pH值试验

（1）被测溶液的温度应为（20±3）℃。

（2）试验前应先对酸度计进行校正。

（3）试验过程中，酸度计的读数稳定1min时，记录读数，重复性限为0.2%，再现性限为0.5%。

4. 密度试验

（1）被测溶液的温度为（20±1）℃。

（2）将已校正V值的比重瓶洗净、干燥、灌满被测溶液，塞上塞子后浸入（20±1）℃超级恒温器内，恒温20min后取出。

（3）重复性限为0.001%，再现性限为0.002%。

## 三、原材料试验记录表格及填写范例、注意事项

（1）砂试验记录、砂试验记录（范例）分别见表3-9和表3-10。

（2）碎（卵）石试验记录、碎（卵）石试验记录（范例）分别见表3-11和表3-12。

（3）水泥试验记录、水泥试验记录（范例）分别见表3-13和表3-14。

（4）粉煤灰试验记录、粉煤灰试验记录（范例）分别见表3-15和表3-16。

（5）矿渣粉试验记录、矿渣粉试验记录（范例）分别见表3-17和表3-18。

（6）外加剂试验记录、防冻剂试验记录（范例）分别见表3-19和表3-20。

（7）防冻剂试验记录、防冻剂试验记录（范例）分别见表3-21和表3-22。

（8）膨胀剂试验记录、膨胀剂试验记录（范例）分别见表3-23和表3-24。

## 表 3-9 砂试验记录

厂家 _____ 产地及种类 _____ 规格 _____ 代表数量 _____ 试验编号 _____

委托单位 _____ 委托编号 _____ 委托人 _____ 试样编号 _____ 收样日期 _____

**一、筛分析**

| 筛孔尺寸/mm | | 4.75 | 2.36 | 1.18 | 0.6 | 0.3 | 0.15 | 筛底 | 细度模数 |
|---|---|---|---|---|---|---|---|---|---|
| 第一次筛分 | 分计筛余重量/g | | | | | | | | |
| | 分计筛余百分率 | | | | | | | | |
| | 累计筛余百分率 | | | | | | | | |
| 第二次筛分 | 分计筛余重量/g | | | | | | | | |
| | 分计筛余百分率 | | | | | | | | |
| | 累计筛余百分率 | | | | | | | | |
| 平均 | 累计筛余百分率 | | | | | | | | |

**二、含泥量□/石粉含量□**

| 次数 | 试样原重/g | 洗净烘干重/g | 含泥量/% | 平均/% |
|---|---|---|---|---|
| 1 | | | | |
| 2 | | | | |

**三、泥块含量**

| 次数 | 试样原重/g | 洗净烘干重/g | 泥块含量% | 平均/% |
|---|---|---|---|---|
| 1 | | | | |
| 2 | | | | |

**四、砂中石粉含量(亚甲蓝法)**

| 次数 | 试样重/g | 所加入亚甲蓝量/ml | 亚甲蓝值/(g/kg) |
|---|---|---|---|
| MB值 | | | |
| 快速法 | | | □合格、□不合格 |

**五、表观密度**

| 次数 | 试样烘干重量/g | 水加容量瓶重/g | 试样水容量瓶重/g | 表观密度/(kg/m³) | 平均/% |
|---|---|---|---|---|---|
| 1 | | | | | |
| 2 | | | | | |

**六、堆积密度**

| 次数 | 容重筒和砂重/kg | 容重筒重/kg | 容重筒容积/L | 堆积密度/(kg/m³) | 平均/% |
|---|---|---|---|---|---|
| 1 | | | | | |
| 2 | | | | | |

七、含水率 _____ %

八、有机物含量

九、云母含量

十、轻物质含量

十一、坚固性

十二、碱活性

十三、氯离子 _____ %

十四、孔隙率 _____ %

结论:

计算: _____ 试验: _____ 审核: _____ 试验日期:

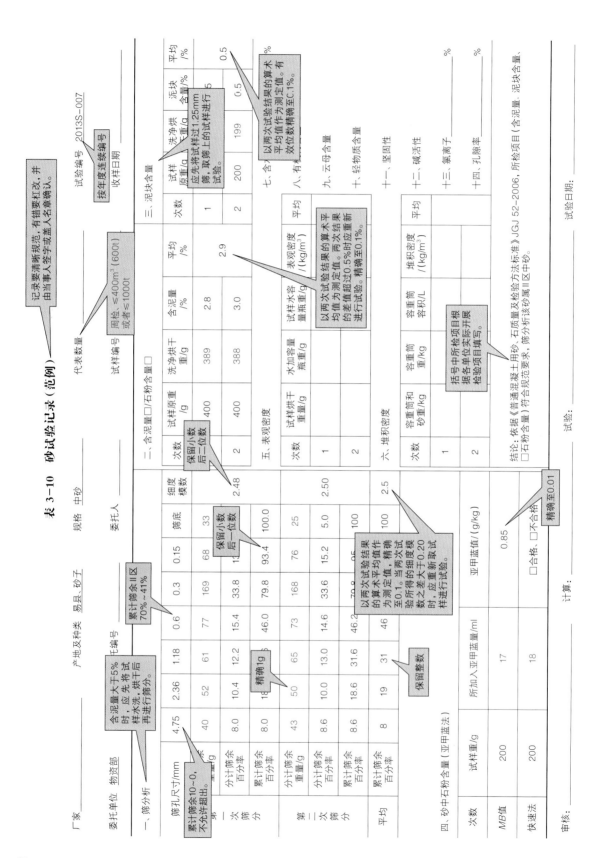

表 3-10 砂试验记录（范例）

## 表 3-11 碎（卵）石试验记录

厂家　　　　　　　产地及种类　　　　　　　规格　　　　　　　委托人　　　　　　　代表数量　　　　　　　试验编号

委托单位　　　　　　　委托编号　　　　　　　试样编号　　　　　　　收样日期

六、级配情况　　□连续级配
七、级配结果　　□单粒级
八、含水率/%
九、表观密度/（kg/m³）
十、堆积密度/（kg/m³）
十一、有机物含量/%
十二、坚固性
十三、碱活性试验
十四、孔隙率

备注：

**一、筛分析**

| 筛孔尺寸/mm | 分计筛余重量/g | 分计筛余/% | 累计筛余/% |
|---|---|---|---|
| 53.0 | | | |
| 37.5 | | | |
| 31.5 | | | |
| 26.5 | | | |
| 19.0 | | | |
| 16.0 | | | |
| 9.50 | | | |
| 4.75 | | | |
| 2.36 | | | |
| 筛底 | | | |

**二、含泥量**

| 次数 | 试样原重量/g | 洗净烘干重/g | 含泥量/% | 平均值/% |
|---|---|---|---|---|
| 1 | | | | |
| 2 | | | | |

**三、泥块含量**

| 次数 | 5mm筛上试样重/g | 2.5mm筛上试样重/g | 泥块含量/% | 平均值/% |
|---|---|---|---|---|
| 1 | | | | |
| 2 | | | | |

**四、针、片状含量**

| 试样重量/g | 针状颗粒重/g | 片状颗粒重/g | 针片状颗粒含量/% |
|---|---|---|---|
| | | | |

**五、压碎指标值**

| 次数 | 试样重量/g | 压碎试验后筛余试样重/g | 压碎指标值/% | 平均值/% |
|---|---|---|---|---|
| 1 | | | | |
| 2 | | | | |
| 3 | | | | |

结论：

审核：　　　　计算：　　　　试验：　　　　试验日期：

表3-12 碎(卵)石试验记录(范例)

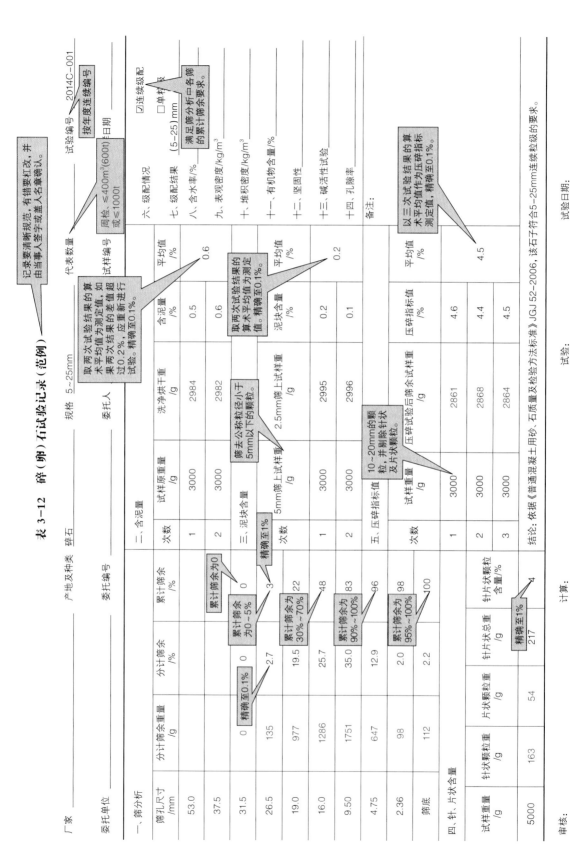

## 表 3-13　水泥试验记录

厂家：＿＿＿＿　品种及强度等级：＿＿＿＿　代表数量：＿＿＿＿　试样编号：＿＿＿＿　试验编号：＿＿＿＿

委托单位：＿＿＿＿　取样日期：＿＿＿＿　委托编号：＿＿＿＿　出厂日期：＿＿＿＿　出厂编号：＿＿＿＿

委托人：＿＿＿＿

1. 细度：（筛孔尺寸：＿＿＿＿）

   试样重＿＿＿＿g，筛余物重＿＿＿＿g，筛余＿＿＿＿%。

   比表面积：＿＿＿＿m²/kg

2. 标准稠度用水量

   标准法：
   试样重＿＿＿＿g
   加水量＿＿＿＿g
   $S=6\pm1mm=$＿＿＿＿mm
   标准稠度用水量$P=$＿＿＿＿%

   代用法：
   试样重＿＿＿＿g
   加水量＿＿＿＿g
   $S=(30\pm1)$mm
   用水量＿＿＿＿g
   标准稠度用水量$P=$＿＿＿＿%

3. 凝结时间

   加水时间＿＿＿＿，针距底板（4±1）mm时间＿＿＿＿，
   针沉入试体0.5mm时间＿＿＿＿。
   初凝时间＿＿＿＿min，终凝时间＿＿＿＿min。

4. 安定性

   标准法：
   $A_1$＿＿mm $C_1$＿＿mm $C_1-A_1$＿＿mm
   $A_2$＿＿mm $C_2$＿＿mm $C_2-A_2$＿＿mm
   结论：

   代用法：
   煮沸后试饼情况：
   结论：

5. 强度

| 龄期 | | 3d | 7d | 28d | 快测 |
|---|---|---|---|---|---|
| 试验日期 | | | | | |
| 抗折强度 | 破坏强度/MPa | | | | |
| | 平均值 | | | | |
| 抗压强度 | 强度/MPa | | | | |
| | 破坏荷载/kN | | | | |
| | 平均值 | | | | |
| | 强度/MPa | | | | |

结论：

试验日期：

审核：＿＿＿＿　计算：＿＿＿＿　试验：＿＿＿＿

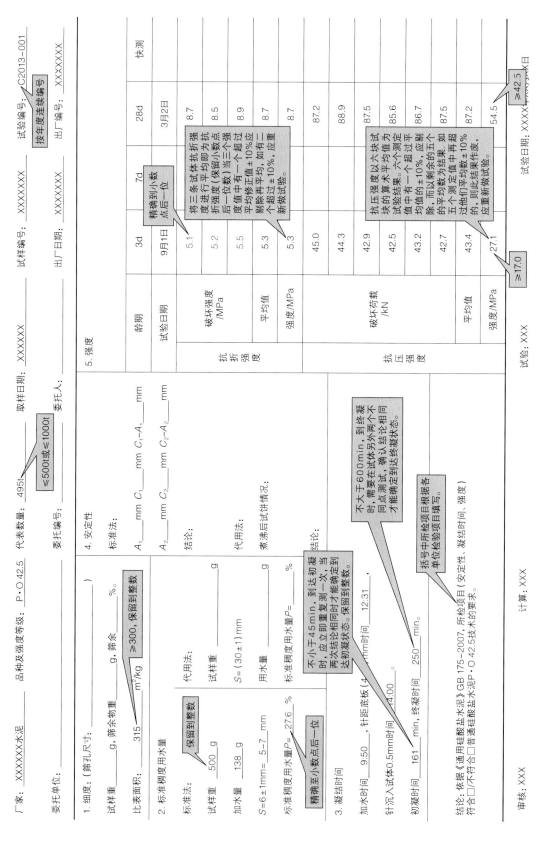

表 3-14　水泥试验记录（范例）

## 表3-15 粉煤灰试验记录

| 委托单位 材料部 | 试验委托人 | 委托编号 | 试验编号 | 试样编号 | 试验编号 |
|---|---|---|---|---|---|
| 厂家 | 产品等级 | 代表数量 t | | 来样日期 | 出厂编号 |
| | | | | 要求试验项目 | 必试项目 |

**一、烧失量**

**1. 器皿恒重过程**

| 序号 | 1 | 2 | 3 | 4 | 烧前试样重 /g | 器皿+试样重 /g |
|---|---|---|---|---|---|---|
| 1 | | | | | | |
| 2 | | | | | | |
| 3 | | | | | | |

**2. 烧失过程**

| | 1 | 2 | 3 | 4 | 烧后重/g | 烧失量/% | 平均/% |
|---|---|---|---|---|---|---|---|
| | | | | | | | |
| | | | | | | | |

**二、细度0.045mm方孔筛（筛网校正系数K=____）**

| 试样重/g | 筛余重/g | 筛余/% | 细度/% |
|---|---|---|---|
| | — | | |

**三、需水量比（流动度130~140mm）**

| 试验样品需水量 $W_1$/mL | 对比样需水量 $W_2$/mL | 需水量比/% |
|---|---|---|
| | | |

四、含水量 —_____ %

五、三氧化硫 —_____ %

六、游离氧化钙 _____ %

七、安定性

结论：

备注：

审核： 计算： 试验： 试验日期：

## 表3-16 粉煤灰试验记录（范例）

| 委托单位 | 材料部 | | 试验委托人 | | | 试样编号 | | | 试验编号 | 2014厂-005 |
|---|---|---|---|---|---|---|---|---|---|---|
| 厂家 | | | 产品等级 | | | 来样日期 | | | 出厂编号 | — |
| 代表数量 | 195 | t | | | | | | | 要求试验项目 | 必试项目 |

一、烧失量

1. 器皿恒重过程

| 序号 | | 精确至0.0001 | | 约1g，精确至0.0001 | | | | |
|---|---|---|---|---|---|---|---|---|
| | 1 | 2 | 3 | 烧前试样重/g | 器皿+试样重/g | | 烧后重/g | |
| 1 | 21.3645 | 21.3634 | 21.3629 | 1.0005 | 22.3634 | 22.3573 | 22.3554 | 22.3548 | 22.3543 |
| 2 | 24.5622 | 24.5616 | 24.5612 | 1.0006 | 25.5618 | 25.5561 | 25.5547 | 25.5540 | 25.5536 |
| 3 | | | | | | | | |

计算至0.01%

| | 烧失量/% | 平均/% |
|---|---|---|
| | 0.91 | 1.86 |
| | 0.82 | |

2. 烧失过程

二、细度（0.045mm方孔筛）（筛网校正系数K= 1.1 ）

| | 精确至0.01g | | 细度/% |
|---|---|---|---|
| 试样重/g | 筛余重/g | 筛余/% | |
| 10.02 | 0.81 | 8.1 | 8.9 |

精确至0.1%

三、需水量比（流动度130～140mm）

| 试验样品需水量 $W_1$/mL | 对比样需水量 $W_2$/mL | 需水量比/% |
|---|---|---|
| 118 | 125 | 94 |

精确至1%

四、含水量 — %

五、三氧化硫 — %

六、游离氧化钙 — %

七、安定性

结论：依据《用于水泥和混凝土中的粉煤灰》GB/T 1596—2005，所检项目符合 I级□ Ⅱ级□ 粉煤灰的技术要求。

备注：

| 试验： | 计算： | 审核： | 试验日期： |
|---|---|---|---|

## 表3-17 矿渣粉试验记录

委托单位： 试验委托人： 委托编号： 出厂日期： 出厂编号： 试验编号：

产品级别： 厂别： 要求试验项目： 来样日期： 代表数量：

### 一、比表面积

1. 密度

| 次数 | 试样量 /g | 初始读数 /mL | 第二次读数 /mL | 密度 (g/cm³) | 平均 (g/cm³) |
|---|---|---|---|---|---|
| 1 | | | | | |
| 2 | | | | | |

2. 比表面积 自动勃氏透气仪K值 试验时环境温度 ℃

标准样：$\rho_s=$ g/cm³ $S_s=$ cm²/g 环境温度 ℃

| 试料层体积 /cm³ | 空隙率 | 试样量 /g | 被测试样用时 $T_s$(S) | 比表面积 (m²/kg) | 平均值 (m²/kg) |
|---|---|---|---|---|---|
| | | | | | |
| | | | | | |

### 二、流动度比

| 试验样品流动度 /mm | 对比样品流动度 /mm | 流动度比 /% |
|---|---|---|
| | | |

### 三、活性指数

| 品种 | 成型日期 | 龄期7d | | | 龄期28d | | | 活性指数 /% | |
|---|---|---|---|---|---|---|---|---|---|
| | | 试验日期 | 荷载/kN | 强度/MPa | 试验日期 | 荷载/kN | 强度/MPa | 7d | 28d |
| 试验样品 | | | | | | | | | |
| 对比样品 | | | | | | | | | |

### 四、其他

结论：

审核： 计算： 试验： 试验日期：

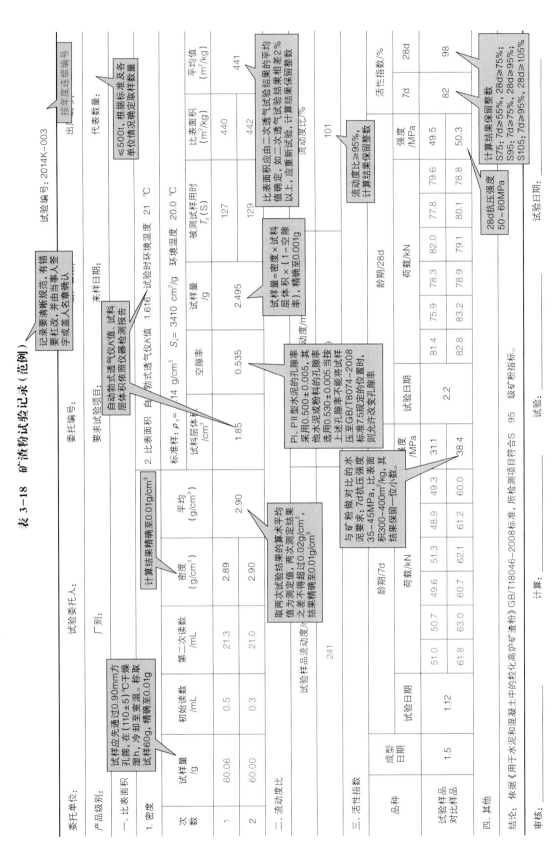

表 3-18 矿渣粉试验记录（范例）

预拌混凝土质量控制实用指南

## 表 3-19 外加剂试验记录表

产品名称： 品种： 试验编号：

委托编号： 委托单位： 试样编号：

委托人： 代表数量/t： 来样日期：

试验日期：

| | | 1 | 2 | 平均 |
|---|---|---|---|---|
| 1. 密度 (g/mL) | | 1 | 2 | 平均 |
| 2. pH值 | | | | |
| 3. 碱含量/% | | 1 | 2 | 平均 |
| 4. 氯离子含量/% | | 1 | 2 | 平均 |

5. 配合比、1h坍落度经时变化量、减水率、抗压强度比

配合比 (kg/m³)

| | 水泥 | 砂 | 石 | 外加剂 | 每盘用水量/mL |
|---|---|---|---|---|---|
| | | | | — | |

砂率

| | 1 | 2 | 3 | 平均值 |
|---|---|---|---|---|
| 基准混凝土 | | | | |
| 受检混凝土 | | | | |

减水率/%

| | 1 | 2 | 3 | 平均 |

坍落度1h经时变化值/mm

| 混凝土种类 | | 出机坍落度/mm | | | | 1h后坍落度/mm | | | |
|---|---|---|---|---|---|---|---|---|---|
| | | 1 | 2 | 3 | 平均 | 1 | 2 | 3 | 平均 |
| 基准 | | | | | | | | — | — |
| 受检 | | | | | | | | — | — |

龄期（ ），试验日期

| 混凝土种类 | 试件抗压荷载/kN | | | 强度/MPa | 抗压强度比/% | 平均值/% |
|---|---|---|---|---|---|---|
| | 1 | 2 | 3 | | | |
| 基准1 | | | | | | |
| 受检1 | | | | | | |
| 基准2 | | | | | | |
| 受检2 | | | | | | |
| 基准3 | | | | | | |
| 受检3 | | | | | | |

6. 含气量及1h含气量损失

| | 烘干前试样重/g | 烘干后重/g | 器皿+试样重/g | 器皿恒重过程 | | | 恒重过程 | | | 含气量/% | 平均含气量/% |
|---|---|---|---|---|---|---|---|---|---|---|---|
| | | | | 1 | 2 | 3 | 1 | 2 | 3 | | |

1h后含气量/%

| | 平均值/% | 含气量1h变化值 |

7. 含固量

| 序号 | | 平均值/% |
|---|---|---|
| 1 | | |
| 2 | | |

8. 凝结时间差

| 次数 | 基准混凝土初凝时间 | 受检混凝土初凝时间 | 初凝时间差 | 基准混凝土终凝时间 | 受检混凝土终凝时间 | 终凝时间差 |
|---|---|---|---|---|---|---|
| 1 | | | | | | |
| 2 | | | | | | |
| 3 | | | | | | |

凝结时间差/min

结论：

审核： 计算： 试验：

表 3-20　外加剂试验记录（范例）

按年度连续编号：2014C-001

| 产品名称：XXXX | 品种：高性能减水剂 | 委托单位： | | |
| --- | --- | --- | --- | --- |
| 委托编号： | 代表数量/t：1.0326 | 试验编号： | 来样日期： | 试验日期： |

委托人：

1. 密度(g/mL)

| | 1 | 2 | 3 | 平均 |
| --- | --- | --- | --- | --- |
| 密度(g/mL) | 1.0325 | 1.0328 | — | 平均 |

精确至0.001

2. pH值

3. 碱含量/%　碱子含量/%　精确至0.1

| | 5.35 | 5.38 | 5.4 | 平均 |
| --- | --- | --- | --- | --- |

5. 配合比、1h坍落度经时变化量、减水率

掺高性能减水剂或受检混凝土单位用水量为360kg/m³，掺其他外加剂的基准和受检混凝土单位用水量为330kg/m³。

| 混凝土种类 | 砂率 | 水 | | | | 石 |
| --- | --- | --- | --- | --- | --- | --- |
| 基准混凝土 | 44% | 360 | 792 | 1008 | | 4740 |
| 受检混凝土 | 44% | 360 | 792 | 1008 | | 3500 |

| | 坍落度/mm | | | 坍落度1h经时变化值/mm | | 出机坍落度/mm | | 强度1h经时的变化值/mm |
| --- | --- | --- | --- | --- | --- | --- | --- | --- |
| 减水率/% | 25.8 | 26.2 | 26 | 26.2 | 2 | 1 | | |
| | | | | | | | 15 | |

掺高性能减水剂或受检混凝土的坍落度控制在210±10mm，掺其他外加剂的基准和受检混凝土的坍落度控制在80±10mm。基准和受检混凝土坍落度应≤80mm。

出机坍落度/mm　成型量(mL)

| | ① | ② | ③ | 平均 |
| --- | --- | --- | --- | --- |
| | 215 | 210 | 190 | 平均 |
| | 205 | 210 | 190 | 20 |
| | 2 | 15 | 15 | |

6. 含气量及1h含气量损失

| 混凝土种类 | 强度/MPa | 抗压强度比/% | 1h后含气量/% | 平均值/% | | 含气量1h变化值/% | 平均值/% |
| --- | --- | --- | --- | --- | --- | --- | --- |
| 基准 | 16.8 | 159 | | 157 | | | |
| 受检 | 26.7 | | | | | | |
| 基准 | 16.7 | 156 | | | | | |
| 受检 | 26.0 | | | | | | |
| 基准 | 16.9 | 155 | | | | | |
| 受检 | 26.2 | | | | | | |

龄期(7d)　试验日期

| 混凝土种类 | 试件抗压荷载/kN | | 强度/MPa | 抗压强度比/% | 平均值 |
| --- | --- | --- | --- | --- | --- |
| 基准1 | 178 | 183 | 170 | | |
| 受检1 | 279 | 283 | 282 | | |
| 基准2 | 175 | 175 | 178 | | |
| 受检2 | 272 | 275 | 275 | | |
| 基准3 | 176 | 180 | 179 | | |
| 受检3 | 270 | 275 | 281 | | |

龄期(28d)　试验日期

| 混凝土种类 | 试件抗压荷载/kN | | 强度/MPa | 抗压强度比/% | 平均值 |
| --- | --- | --- | --- | --- |
| 基准1 | 357 | 349 | 368 | 34.0 | 146 |
| 受检1 | 526 | 514 | 529 | 49.7 | |
| 基准2 | 367 | 371 | 359 | 34.7 | 144 |
| 受检2 | 533 | 521 | 525 | 50.0 | |
| 基准3 | 354 | 361 | 357 | 33.9 | |
| 受检3 | 537 | | | | |

龄期( )　试验日期

| 混凝土种类 | 试件抗压荷载/kN | | 强度/MPa | | |
| --- | --- | --- | --- | --- | --- |
| 基准 | | 215 | 210 | | |
| 受检 | | 205 | 210 | | |

7. 含固量

| 器皿试样量/g | 恒重过程 | | | 烘干后质量/g | | | 平均 | 含固量/% | 平均 |
| --- | --- | --- | --- | --- | --- | --- | --- | --- | --- |
| | 1 | 2 | 3 | 1 | 2 | 3 | | | |
| 41.3727 | 36.9869 | 36.9875 | 36.9878 | | 0.6149 | | | 12.30 | 平均 |
| 40.1938 | 35.8113 | 35.8121 | 35.8124 | | 0.6188 | | | 12.38 | 12.34 |

8. 凝结时间/min

| 次数 | 受检混凝土初凝时间 | 平均 | 基准混凝土初凝时间 | 平均 | 初凝时间差 | 受检混凝土终凝时间 | 平均 | 基准混凝土终凝时间 | 平均 | 终凝时间差 |
| --- | --- | --- | --- | --- | --- | --- | --- | --- | --- | --- |
| 1 | | | | | | | | | | |
| 2 | | | | | | | | | | |
| 3 | | | | | | | | | | |

结论：当掺量为 %时，依据《混凝土外加剂》8076—2008标准，所检项目（密度、pH值、减水率、含固量）试验 高性能减水剂的技术要求。

审核：　　　计算：　　　试验：

以三批试验的算术平均值计，精确至1%。若三批试验的最大值或最小值中有一个与中间值之差超过中间值的15%，则把最大值与最小值一并舍去，取中间值作为该组试验结果。若最大值和最小值与中间值之差均超过15%，则该批试验结果无效，应该重做。

以两次试验结果的算术平均值来表示，性能1h经时的变化值。坍落度：坍落度1h经时的变化值应≤80mm。

以两次试验结果的算术平均值来表示。当S≤0.01%，重复性；当0.01%<X≤0.30%，当S>25%时，0.95S≤X<1.05S，S；当S<25%时，0.90S≤X<1.10S，S；厂家提供的允许值。X：测试的含固量。

试验结果以三批试验的测值的平均值表示，精确至含固量1%。若三批试验中有一批的中间值或最大值或最小值的差超过中间值的15%，取中间值作为该批试验结果，如含去，取中间值中间值与中间值的差超过15%，则该批测值中间值无效，如有两批测值与中间值之差均超过15%，则该批试验结果无效，应该重做。

表 3-21 防冻剂试验记录

产品名称：　　　　品种：　　　　代表数量/t：　　　　试样编号：　　　　试验编号：

委托编号：　　　　委托单位：　　　　委托人：　　　　来样日期：　　　　试验日期：

| 1. 密度（g/mL） | 1 | 2 | 平均 | | 2. pH值 | |
|---|---|---|---|---|---|---|
| 3. 碱含量/% | 1 | 2 | 平均 | | 4. 氯离子含量/% | |

5. 配合比、1h坍落度经时变化量、减水率、抗压强度比

| 配合比（kg/m³） | 水泥 | 砂 | 石 | 砂率 | 外加剂 | 每盘用水量/mL |
|---|---|---|---|---|---|---|
| 基准混凝土 | | | | | — | ① ② ③ |
| 受检混凝土 | | | | | | ① ② ③ |
| 减水率/% | 1 | 2 | 平均 | | 坍落度1h经时变化值/mm | 1 2 平均 |

| 成型量（ ）升砂率 | | | 出机坍落度/mm | ① ② ③ | | 1h后坍落度/mm | ① ② ③ |
|---|---|---|---|---|---|---|---|

| 试验日期 | 试件抗压荷载/kN | 强度/MPa | 平均值/MPa | 试验日期及龄期 | 试件抗压荷载/kN | 强度/MPa | 平均值/MPa | 抗压强度比/% |
|---|---|---|---|---|---|---|---|---|
| 基准混凝土（标养28d） | 1 2 3 | | | 受检混凝土 | 1 2 3 | | | |

6. 含气量及1h含气量损失

| 试验日期 | 次数 | 出机含气量/% | 平均值/% | 1h后含气量/% | 平均值/% | 含气量1h变化值 |
|---|---|---|---|---|---|---|
| | 1 | | | | | |
| | 2 | | | | | |
| | 3 | | | | | |

7. 含固量

| 序号 | 器皿恒重过程 | | | 烘干前试样重/g | 器皿+试样重/g | 烘干后重/g | 含固量/% | 平均含固量/% |
|---|---|---|---|---|---|---|---|---|
| | 1 | 2 | 3 | | | | | |
| 1 | | | | | | | | |
| 2 | | | | | | | | |

8. 凝结时间差

| 凝结时间差/min | 次数 | 基准混凝土初凝时间 | 基准混凝土终凝时间 | 平均 | 受检混凝土初凝时间 | 受检混凝土终凝时间 | 平均 | 初凝时间差 | 终凝时间差 |
|---|---|---|---|---|---|---|---|---|---|
| | 1 | | | | | | | | |
| | 2 | | | | | | | | |
| | 3 | | | | | | | | |

结论：

审核：　　　　计算：　　　　试验：

## 表3-22 防冻剂试验记录（范例）

控制度连续编号

试验编号：2014D-002

试验日期：

产品名称：　　　　　　-15℃防冻剂

委托编号：

委托人：　　　　　　≤50t或≤100t　　　量/t：

委托单位：

试样编号：

来样日期：

> 根据各单位对防冻剂的要求确定

| 项目 | | 1 | 2 | 平均 |
|---|---|---|---|---|
| 1. 密度(g/mL) 精确至0.001 | | 1.215 | 1.127 | 1.126 |
| 3. 碱含量/% | | 0.45 | 0.47 | 0.46 |
| 2. pH值 | | 4.92 | 4.96 | 4.9 |
| 4. 氯离子含量/% 精确至0.01 | | 0.02 | 0.03 | 0.02 |

> 保留两位小数

> 掺高性能减水剂或受检泵送剂的基准和受检混凝土单位水泥用量为360kg/m³，其他外加剂的基准和受检混凝土单位水泥用量为330kg/m³

> 掺高性能减水剂或受检泵送剂的基准混凝土的坍落度控制在210±10mm，掺其他外加剂的基准和受检混凝土的坍落度控制在80±10mm。

5. 配合比、1h坍落度经时变化量，减水率

| | 砂率 | | 外加剂 | | 石 | | 每盘用水量/mL | | | 1h后坍落度/mm | | |
|---|---|---|---|---|---|---|---|---|---|---|---|---|
| | | | | | | ① | ② | ③ | ① | ② | ③ |
| 基准混凝土 | 40% | | — | | 1104 | 4600 | 4640 | 4620 | 80 | 90 | 85 |
| 受检混凝土 | 40% | | 7.2 | | 736 | 3520 | 3500 | 3500 | 90 | 85 | 80 |
| 减水率 | 24.6 | 24.2 | 24 平均 | | 736 | 1 | 2 | 3 平均 | | | |

> 减水率≥10%，精确至1%

> 基准及受检混凝土均为三个批次试验

6. 含气量及1h

| | 次数 | 出机含气量/% | 强度/MPa | 平均值/MPa | 试验日期及龄期 | 受检混凝土初凝时间 | 抗压强度比/% | 平均 | 试件抗压荷载/kN | | | 试件抗压荷载/kN |
|---|---|---|---|---|---|---|---|---|---|---|---|---|
| | 1 | 40% | | | | | | | | | | |
| | 2 | 40% | | | | | | | | | | |
| | 3 | 平均 | | | | | | | | | | |

> 受检混凝土和基准混凝土以三组试验值计算抗压强度比，结果精确到1%。

7. 坍落度1h经时变化值/mm

> 若一个试验值与中间值之差超过15%，取中间值作为该批抗压强度值；如果最大值与最小值之差均超过中间值15%，则应重做。含气量测定值精确到0.1%。

8. 凝结时间差/min

| 次数 | 基准混凝土初凝时间 | | 受检混凝土初凝时间 | | 初凝时间差 | | 受检混凝土终凝时间 | | 终凝时间差 | 平均 |
|---|---|---|---|---|---|---|---|---|---|---|
| 1 | | | | | | | | | | |
| 2 | | | | | | | | | | |
| 3 | 平均 | | 平均 | | 平均 | | 平均 | | | |

> 三个试样测值的算术平均值或最小值表示。三个试样中有一个试验值与中间值之差超过0.5%时，取中间值为试验结果；如果最大值与最小值与中间值之差均超过0.5%，则应重做。1h经时变化量测定值精确到0.1%。

抗压强度

| | 器皿+试样/g | 烘干前试样/g | 器皿恒重过程 | | | 恒重过程 | | | 抗压强度比/% |
|---|---|---|---|---|---|---|---|---|---|
| | | | 1 | 2 | 3 平均 | 1 | 2 | | |
| 1 | 41.3727 | 4.9998 | 36.3725 | 36.3727 | 36.3729 | 36.9969 | 36.9875 | 36.9878 | 0.6149 |
| 2 | 40.1938 | 5.0002 | 35.1929 | 35.1934 | 35.1936 | 35.8113 | 35.8121 | 35.8124 | 0.6188 |
| 平均 | | | | | | | | | 12.34 |

平均值：12.30　12.38

> 以两次试验结果的算术平均值，重复性限为0.30%，当S≥20%时，供测的含量：0.95S≤X<1.05S；0.90S≤X<1.10S；S：厂家提供的含量；X：测试的含量。

结论：　　防冻剂-15℃技术要求。

审核：　　　　　　　　　　计算：　　　　　　　　　　试验：

依据《混凝土外加剂》GB 8076-2008、《混凝土防冻剂》JC 475-2004，所检项目（密度、含固量、减水率、碱含量、氯离子含量、含气量）符合□/不符合□

## 表 3-23 膨胀剂试验记录

委托单位：＿＿＿＿＿＿　试验委托人：＿＿＿＿＿＿　委托编号：＿＿＿＿＿＿　试验编号：＿＿＿＿＿＿

品种：＿＿＿＿＿＿　厂别：＿＿＿＿＿＿　出厂日期：＿＿＿＿＿＿　工程名称：＿＿＿＿＿＿

来样日期：＿＿＿＿＿＿　要求试验项目：＿＿＿＿＿＿　试样编号：＿＿＿＿＿＿　代表数量：＿＿＿＿＿＿

试验日期：＿＿＿＿＿＿

1. 限制膨胀率：限制试体的基长 $L_0$ (140mm)

| 类别 序号 | 限制试体的初始长度 $L$ /mm | 初始读数 /mL | 第二次读数 /mL | 密度 (g/cm³) | 平均 (g/cm³) | 7d水中长度 $L_1$/mm | 日期 | 限制膨胀率 $\varepsilon_1$/% | 21d空气中长度/mm | 日期 | 限制膨胀率 $\varepsilon_2$/% |
|---|---|---|---|---|---|---|---|---|---|---|---|
| 1 | | | | | | | | | | | |
| 2 | | | | | | | | | | | |
| 3 | | | | | | | | | | | |
| 结果 | | | | | | | | | | | |

2. 比表面积

a. 密度

| 次数 | 试样量 /g | 密度 /(g/cm³) | 平均 /(g/cm³) |
|---|---|---|---|
| 1 | | | |
| 2 | | | |

b. 比表面积

| | 试料层体积 /cm³ | 试样重 /g | 标准样：$\rho_s=$ g/cm³　$S_s=$ cm²/g | 孔隙率 | 自动勃式透气仪K值 | 被测试样用时 $T_s$/S | 比表面积 /(m²/kg) | 试验时环境温度 ℃ 环境温度 ℃ | 平均值 /(m²/kg) |
|---|---|---|---|---|---|---|---|---|---|

3. 细度（筛孔尺寸：1.18 mm）
筛网校正系数 $K=$＿＿＿＿＿

| 筛余重 /g | 筛余/% | 细度/% |
|---|---|---|

4. 强度　荷载：kN；　强度：N/mm²

| 项目 | | 抗折强度 | | 抗压强度 | |
|---|---|---|---|---|---|
| 龄期 | 7d | 28d | 7d | 28d | |
| 破坏荷载或强度 | | | | | |
| 平均强度 | | | | | |

结论：＿＿＿＿＿＿

审核：＿＿＿＿＿＿　　计算：＿＿＿＿＿＿　　试验：＿＿＿＿＿＿

## 表3-24 膨胀剂试验记录（范例）

| 委托单位：xxx | 委托编号：xxx | 试验编号： |
|---|---|---|
| 品种：膨胀剂 | 厂别：xxx | 工程名称：xxx |
| 来样日期：xxx | 出厂日期： | 代表数量：200t |
| 试验委托人：xxx | 要求试验项目：必试项目 | 试样编号：xxx |

按年度连续编号：2014P-002　　≤200t　　200t　　试验日期：2014.3.18

**1. 限制膨胀率：限制试体的基长 $L_0$（140mm）**

| 序号 | 限制试体的初始长度 $L$/mm | 日期 2014.3.26 /mm | 限制膨胀率 $\varepsilon_1$/% | 21d空气中长度/mm | 限制膨胀率 $\varepsilon_2$/% |
|---|---|---|---|---|---|
| 1 | 158.034 | 158.072 | 0.027 | 158.037 | 0.002 |
| 2 | 158.035 | 158.073 | 0.027 | 158.039 | 0.003 |
| 3 | 158.035 | 158.074 | 0.028 |  | 0.002 |
| 结果 |  |  | 0.027% |  | 0.002% |

注：
- 测量完初始长度的试体立即放入水中养护，测量第7d的长度。
- 取相近的两条试体测量值的平均值作为限制膨胀率，测量结果精确至小数点后三位。（0.027%）
- 取相近的两条试体测量限制膨胀率值的平均值，计算结果精确至小数点后三位。（0.002%）

**2. 比表面积**

a. 密度

| 次数 | 试样量/g | 初始读数/mL | 第二次读数/mL | 密度/(g/cm³) | 平均/(g/cm³) |
|---|---|---|---|---|---|
| 1 | 60.01 | 0.2 | 22.3 | 2.715 | 2.72 |
| 2 | 60.00 | 0.4 | 22.4 | 2.727 |  |

b. 比表面积

标准样：$\rho_s=3.14$ g/cm³　自动勃氏透气仪K值 1.237　$S_s=3410$ cm²/g　试验时环境温度 21 ℃　环境温度 20.0 ℃

| 次数 | 试样量/g | 孔隙率 | 试料层体积/cm³ | 被测试样用时 $T_s$/S | 比表面积/(m²/kg) | 平均值/(m²/kg) |
|---|---|---|---|---|---|---|
| 1 | 2.453 | 0.535 | 1.850 | 119.7 | 344 | 342 |
| 2 |  |  |  | 116.4 | 340 |  |

**3. 细度（筛孔尺寸:1.18 mm） 筛网校正系数K=1.0**

| 次数 | 试样重/g | 筛余重/g | 筛余/% | 细度/% |
|---|---|---|---|---|
| 1 | 10.00 | 0.02 | 0.2 | 0.2 |
| 2 |  |  |  |  |

**4. 强度：荷载:kN; 强度: N/mm²**

抗折强度

| 龄期 | 破坏荷载或强度 | | | 平均强度 |
|---|---|---|---|---|
| 7d | 6.55 | 6.20 | 6.55 | 6.5 |
| 28d | 9.75 | 9.65 | 9.70 | 9.7 |

抗压强度

| 龄期 | 破坏荷载 kN | | | | | | 平均值(N/mm²) |
|---|---|---|---|---|---|---|---|
| 7d | 44.60 | 46.65 | 46.80 | 46.35 | 47.45 | 46.10 | 29.0 |
| 28d | 78.30 | 74.60 | 74.70 | 73.45 | 77.60 | 75.45 | 47.3 |

结论：依据GB23439-2009标准，所检项目　　　标准要求。

计算：　　　　试验：　　　　审核：

## 四、原材料进场留样

### （一）留样操作步骤

1. 留样室及留样柜示意图

（1）留样室，如图3-8所示。

（2）留样柜，如图3-9所示。

图 3-8　留样室

图 3-9　留样柜

2. 留样所需用品

（1）粉料留样筒，如图3-10、图3-11所示。

（2）粉料留样筒，如图3-12所示。

（3）外加剂留样筒，如图3-13所示。

（4）留样袋，如图3-14所示。

（5）封口标签（白底红边），也可用三线红边标签，如图3-15所示。

（6）留样筒标签，如图3-16所示。

塑料筒，上口直径约为11cm，下口直径约为19cm，高约为28cm。

**图 3-10　粉料留样筒**　　**图 3-11　粉料留样筒**

铁皮筒，上、下口直径约为20cm，高约24.5cm。

**图 3-12　粉料留样筒**

长约为16cm，高约为23.5cm。

**图 3-13　外加剂留样筒**

密封袋, 长约为43.5cm, 宽约为29cm。

**图 3-14  留样袋**

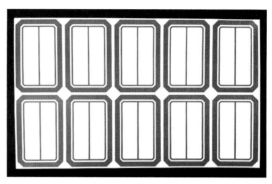

**图 3-15  封口标签**

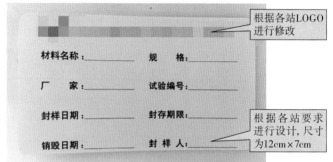

根据各站LOGO进行修改

材料名称：_____  规  格：_____

厂  家：_____  试验编号：_____

封样日期：_____  封存期限：_____

销毁日期：_____  封 样 人：_____

根据各站要求进行设计, 尺寸为12cm×7cm

**图 3-16  留样筒标签**

3. 标签填写

（1）填写封口标签, 如图3-17所示。

（2）填写留样筒标签, 如图3-18所示。

根据各站要求填写, 应为此种原材料的年度大排行

**图 3-17  封口标签**

根据各站要求填写, 应为此种原材料的年度大排行

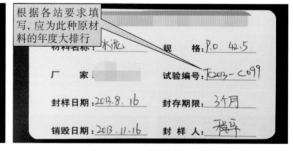

**图 3-18  留样筒标签**

4. 留样操作过程

（1）水泥

① 将按相关标准规定取样后的水泥装入留样袋（密封袋）中, 如图3-19所示。

② 用封口标签（白底红边）将留样袋（密封袋）进行密封封口, 如图3-20所示。

③ 将装好水泥的留样袋（密封袋）装入留样筒中, 如图3-21所示。

④ 盖上留样筒盖, 并贴上留样筒标签（黄底黑字）, 如图3-22所示。

图 3-19 留样后样品图示

图 3-20 封样后样品图示

图 3-21 留样筒中样品图示

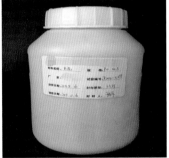

图 3-22 粉料筒标识

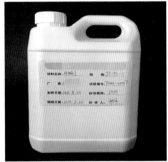

图 3-23 外加剂筒标识

（2）外加剂

① 将按相关标准规定取样后的外加剂装入留样筒中。

② 盖上留样筒盖,并贴上留样筒标签,如图3-23所示。

（3）粉煤灰、矿粉

粉煤灰、矿粉留样过程同水泥。

5.完成留样后,要及时、认真、真实地填写留样记录（图3-24）

（1）留样记录应上墙,如图3-25所示。

（2）留样台帐,记录填写如图3-26所示。

图 3-24 留样记录

图 3-25 留样记录上墙

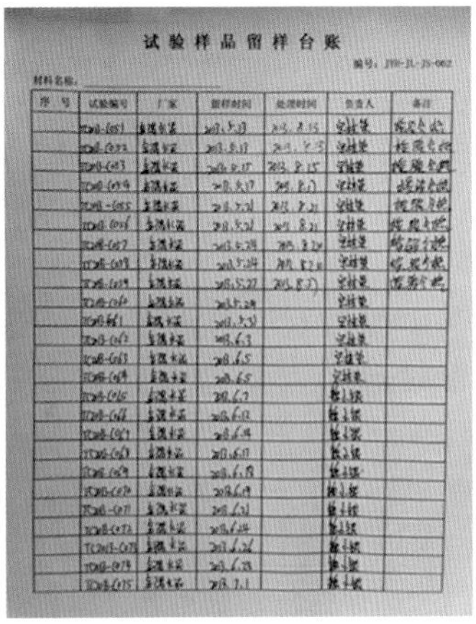

图 3-26 留样台帐

### （二）留样过程中注意事项

（1）留样室或留样柜要有专人管理，并要上锁。签收后应将样品分类存放于样品架上，及时登记留样记录，确保做到记录和样品一致。

（2）留样筒应洁净、干燥、防潮、密闭、不易破损，并且不影响原材料性能。

（3）留存样应贮存于干燥、通风的环境中。

（4）留样的最小质量：不同原材料要求不同，具体见第二章第二节。但留样量要充足，至少要满足两次试验的量。

（5）留样期限：水泥与矿物掺合料无明确规定，但根据《混凝土质量控制标准》GB 50164规定的水泥、矿物掺合料存储期超过3个月要进行复验，因而留样不少于3个月为宜。外加剂留样：《混凝土外加剂应用技术规范》GB 50119明确规定外加剂留样为6个月。

（6）样品的保留超过留样期限后应及时处理，并做好处理记录。

# 第二节　普通混凝土配合比试验

## 一、普通混凝土配合比设计

### （一）普通混凝土配合比设计依据

普通混凝土配合比设计应依据《普通混凝土配合比设计规程》JGJ 55进行，其最大水胶比和最小胶凝材料用量、矿物掺和料的最大掺量、拌和物中水溶性氯离子最大含量、含气量、碱含量等应符合相关规定。

### （二）普通混凝土配合比计算

普通混凝土配合比设计基本参数的选取和计算流程如图3-27所示。

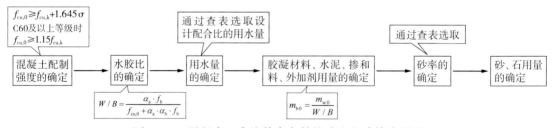

**图 3-27　混凝土配合比基本参数的选取和计算流程图**

（1）当具有近1个月~3个月的同一品种，同一强度等级混凝土的强度资料，且试件组数不小于30时，其混凝土强度标准差σ应按式（3-1）计算：

$$\sigma = \sqrt{\frac{\sum_{i=1}^{n} f_{cu,i}^{2} - n m_{f_{cu}}^{2}}{n-1}} \tag{3-1}$$

式中　$f_{cu,0}$——混凝土配制强度，MPa；

$f_{\text{cu,k}}$——混凝土立方体抗压强度标准值，这里取设计混凝土强度等级值，MPa；

$\sigma$——混凝土强度标准差，MPa。

选取标准差时，对于强度等级不大于C30的混凝土：当$\sigma$计算值不小于3.0MPa时，应按照计算结果取值；当$\sigma$计算值小于3.0MPa时，$\sigma$应取3.0MPa。对于强度等级大于C30且小于C60的混凝土：当$\sigma$计算值不小于4.0MPa时，应按照计算结果取值；当$\sigma$计算值小于4.0MPa时，$\sigma$应取4.0MPa。

当没有近期的同一品种、同一强度等级混凝土强度资料时，其强度标准差$\sigma$可按表3-25取值。

表 3-25　标准差值$\sigma$　　　　　　单位：MPa

| 混凝土强度标准值 | ≤C20 | C25~C45 | C50~C55 |
|---|---|---|---|
| $\Sigma$ | 4.0 | 5.0 | 6.0 |

考虑到施工现场条件与试验室试验条件的差异等因素，可适当提高混凝土试配强度。

（2）计算水胶比时，当胶凝材料28d胶砂抗压强度无实测值时，可按式（3-2）计算：

$$f_b = \gamma_f \cdot \gamma_s \cdot f_{ce} \tag{3-2}$$

式中　$\gamma_f$、$\gamma_s$——粉煤灰影响系数和粒化高炉矿渣粉影响系数；

　　$f_{ce}$——水泥28d胶砂抗压强度，MPa。

粉煤灰影响系数和粒化高炉矿渣粉影响系数可以通过查表3-26选取。

表 3-26　粉煤灰影响系数和粒化高炉矿渣粉影响系数

| 掺量/% ＼ 种类 | 粉煤灰影响系数 $\gamma_f$ | 粒化高炉矿渣粉影响系数 $\gamma_s$ |
|---|---|---|
| 0 | 1.00 | 1.00 |
| 10 | 0.85~0.95 | 1.00 |
| 20 | 0.75~0.85 | 0.95~1.00 |
| 30 | 0.65~0.75 | 0.90~1.00 |
| 40 | 0.55~0.65 | 0.80~0.90 |
| 50 | — | 0.70~0.85 |

注：①采用Ⅰ、Ⅱ级粉煤灰宜取上限值。

　②采用S75级粒化高炉矿渣粉宜取下限值，采用S95级粒化高炉矿渣粉宜取上限值，采用S105级粒化高炉矿渣粉可取上限值加0.05。

　③当超出表3-26中的掺量时，粉煤灰和粒化高炉矿渣粉影响系数应经试验确定。

当水泥28d胶砂抗压强度无实测值时，公式中的$f_{ce}$值可按式（3-3）计算：

$$f_{ce} = \gamma_c \cdot f_{ce,g} \tag{3-3}$$

式中　$\gamma_c$——水泥强度等级值的富余系数，可按实际统计资料确定；当缺乏实际统计资料时，也可按表3-27选用；

　　$f_{ce,g}$——水泥强度等级值，MPa。

表 3-27　水泥强度等级值的富余系数

| 水泥强度等级值 | 32.5 | 42.5 | 52.5 |
|---|---|---|---|
| 富余系数 | 1.12 | 1.16 | 1.10 |

回归系数可以通过试验确定或通过查表3-28选择。

表 3-28　回归系数取值表

| 系数 \ 粗骨料品种 | 碎石 | 卵石 |
|---|---|---|
| $\alpha_a$ | 0.53 | 0.49 |
| $\alpha_b$ | 0.20 | 0.13 |

（3）当掺加外加剂时，计算每立方米混凝土的用水量（$m_{w0}$）可按式（3-4）计算：

$$m_{w0} = m'_{w0}(1-\beta) \tag{3-4}$$

式中　$m_{w0}$——计算配合比每立方米混凝土的用水量，$kg/m^3$；

　　　$m'_{w0}$——未掺外加剂时推定的满足实际坍落度要求的每立方米混凝土用水量，$kg/m^3$；

　　　$\beta$——外加剂的减水率，%，应经混凝土试验确定。

（4）计算每立方米混凝土的胶凝材料用量（$m_{b0}$）应按式（3-5）计算，并应进行试拌调整，在拌和物性能满足的情况下，取经济合理的胶凝材料用量。

$$m_{b0} = \frac{m_{w0}}{W/B} \tag{3-5}$$

计算每立方米混凝土的矿物掺和料用量（$m_{f0}$）应按式（3-6）计算：

$$m_{f0} = m_{b0}\beta_f \tag{3-6}$$

式中　$\beta_f$——矿物掺和料掺量，%，可结合配合比设计规程确定。

计算每立方米混凝土的水泥用量（$m_{c0}$）应按式（3-7）计算：

$$m_{c0} = m_{b0} - m_{f0} \tag{3-7}$$

（5）每立方米混凝土中外加剂用量（$m_{a0}$）应按式（3-8）计算：

$$m_{a0} = m_{b0}\beta_a \tag{3-8}$$

式中　$m_{a0}$——计算配合比每立方米混凝土的外加剂用量，$kg/m^3$；

　　　$m_{b0}$——计算配合比每立方米混凝土的胶凝材料用量，$kg/m^3$；

　　　$\beta_a$——外加剂掺量，%，应经混凝土试验确定。

（6）混凝土砂率的确定应根据骨料的技术指标、混凝土拌和物性能和施工要求，参考既有历史资料确定。当缺乏砂率的历史资料时，混凝土砂率的确定应符合下列规定：

① 可经试验确定；

② 也可在表3-29的基础上，按坍落度每增大20mm、砂率增大1%的幅度予以调整。

（7）采用质量法计算粗、细骨料用量时，应按公式（3-9）和（3-10）计算：

$$m_{f0} + m_{c0} + m_{g0} + m_{s0} + m_{w0} = m_{cp} \tag{3-9}$$

$$\beta_s = \frac{m_{s0}}{m_{g0} + m_{s0}} \times 100\% \tag{3-10}$$

式中　$m_{g0}$——计算配合比每立方米混凝土的粗骨料用量，$kg/m^3$；

　　　$m_{s0}$——计算配合比每立方米混凝土的细骨料用量，$kg/m^3$；

表 3-29 混凝土的砂率/%

| 水胶比 | 卵石最大公称粒径/mm | | | 碎石最大公称粒径/mm | | |
|---|---|---|---|---|---|---|
| | 10.0 | 20.0 | 40.0 | 16.0 | 20.0 | 40.0 |
| 0.40 | 26~32 | 25~31 | 24~30 | 30~35 | 29~34 | 27~32 |
| 0.50 | 30~35 | 29~34 | 28~33 | 33~38 | 32~37 | 30~35 |
| 0.60 | 33~38 | 32~37 | 31~36 | 36~41 | 35~40 | 33~38 |
| 0.70 | 36~41 | 35~40 | 34~39 | 39~44 | 38~43 | 36~41 |

注: 坍落度为10~60mm的混凝土砂率选取表。

$\beta_s$——砂率,%;

$m_{cp}$——每立方米混凝土拌和物的假定质量,$kg/m^3$,可取2350~2450$kg/m^3$。

(8)采用体积法计算粗、细骨料用量时,应按公式(3-11)计算:

$$\frac{m_{c0}}{\rho_c} + \frac{m_{f0}}{\rho_f} + \frac{m_{g0}}{\rho_g} + \frac{m_{s0}}{\rho_s} + \frac{m_{w0}}{\rho_w} + 0.01\alpha = 1 \qquad (3-11)$$

式中 $\rho_c$——水泥密度(可取2900~3100$kg/m^3$),$kg/m^3$;

$\rho_f$——矿物掺和料密度,$kg/m^3$;

$\rho_g$——粗骨料的表观密度,$kg/m^3$;

$\rho_s$——细骨料的表观密度,$kg/m^3$;

$\rho_w$——水的密度(可取1000$kg/m^3$),$kg/m^3$;

$\alpha$——混凝土的含气量百分数(在不使用引气型外加剂时,$\alpha$可取1)。

**(三)配合比计算实例**

1. 质量法

用质量法设计坍落度180mm C30混凝土,采用普通硅酸盐水泥P·O 42.5,I级粉煤灰掺量为20%,S95级矿粉掺量为20%,中砂,5~25mm碎石,减水剂(减水率25%)。配合比简单计算过程如下:

(1)混凝土试配强度计算

$$f_{cu,0} \geq f_{cu,k} + 1.645\sigma \qquad (3-12)$$

按表3-25,$\sigma$取5.0,$f_{cu,0} \geq f_{cu,k} + 1.645\sigma$

$$\geq 30 + 1.645 \times 5.0$$

$$\geq 38.2$$

该强度可以按照设计需要适当提高富余系数,以实现设计目的,根据企业情况可以取42.8MPa。

(2)计算水胶比

$$W/B = \frac{a_a \cdot f_b}{f_{cu,0} + a_a \cdot a_b \cdot f_b} \qquad (3-13)$$

$$= \frac{0.53 \times 41.9}{42.8 + 0.53 \times 0.20 \times 41.9}$$

$$= 0.47$$

其中推测

$$f_b = \gamma_f \cdot \gamma_s \cdot f_{ce} \qquad (3-14)$$
$$= 42.5 \times 0.85 \times 1.00 \times 1.16$$
$$= 41.9$$

（3）通过查表选用水量215kg，在此基础上每增加20mm，增加5kg水

计算坍落度180mm的单位用水量=215+[（180-90）/20]×5=237.5（kg）

（4）计算掺加外加剂后用水量，按外加剂减水率为25%计算，掺外加剂后的单方用水量=237.5×（1-0.25）=178（kg）

（5）计算胶凝材料用量

$$m_{b0} = \frac{m_{w0}}{(W/B)} \qquad (3-15)$$
$$= \frac{178}{0.47}$$
$$= 379 \text{（kg）}$$

（6）计算粉煤灰用量=379×20%=76（kg）

（7）计算矿粉用量=379×20%=76（kg）

则水泥用量为379-76-76=227（kg）

（8）计算外加剂用量=379×2.0%=7.6（kg）

（9）从表中查砂率37%

（10）计算坍落度180mm的砂率=37+（180-60）/20×1=43（%）

（11）按容重2400kg计算砂石总量=2400-178-379=1843（kg）

（12）计算砂的用量=1843×43%=792（kg）

（13）计算石的用量=1843-792=1051（kg）

（14）设计C30配合比，见表3-29。

表 3-29　质量法设计C30配合比

| 强度等级 | 水胶比/% | 砂率/% | 水泥/kg | 水/kg | 矿粉/kg | 砂/kg | 石/kg | 粉煤灰/kg | 外加剂/kg |
|---|---|---|---|---|---|---|---|---|---|
| C30 | 0.47 | 43 | 227 | 178 | 76 | 792 | 1051 | 76 | 7.6 |

2.体积法

用体积法设计C30混凝土，坍落度180mm，采用P·O 42.5水泥，I级粉煤灰掺量25%，中砂，5~25mm碎石，减水剂（减水率25%）。配合比设计简单计算过程如下：

（1）试配强度

$$f_{cu,0} \geq f_{cu,k} + 1.645\sigma$$
$$\geq 30 + 1.645 \times 5.0$$
$$\geq 38.2$$

该强度可以按照设计需要适当提高富余系数,以实现设计目的,根据企业情况可以取42.8MPa。

（2）水胶比

$$W / B = \frac{a_a \cdot f_b}{f_{cu,0} + a_a \cdot a_b \cdot f_b} \tag{3-16}$$

$$= \frac{0.53 \times 41.9}{42.8 + 0.53 \times 0.20 \times 41.9}$$

$$= 0.47$$

$$f_b = \gamma_f \cdot \gamma_s \cdot f_{ce}$$

$$= 42.5 \times 0.85 \times 1.00 \times 1.16$$

$$= 41.9$$

（3）从表中查用水量215kg

（4）计算坍落度180mm的用水量=215+[（180-90)/20]×5=237.5（kg）

（5）计算掺外加剂后的用水量=237.5×（1-0.25）=178（kg）

（6）计算胶凝材料用量=178/0.47=379（kg）

（7）计算粉煤灰用量=379×25%=95（kg）

（8）计算水泥用量=379-95=284（kg）

（9）计算外加剂用量=379×2.0%=7.6（kg）

（10）从表中查砂率37%

（11）计算坍落度180mm的砂率=37+（180-60)/20×1=43（%）

（12）计算砂石总体积=1-284/3100-95/2200-178/1000+0.01α

$$= 0.70$$

（13）计算砂的用量=2600×0.70×0.43=783（kg）

（14）计算石的用量=（0.70-783/2600）×2600=1037（kg）

（15）设计C30配合比,见表3-30。

表 3-30　体积法设计C30配合比

| 强度等级 | 水胶比/% | 砂率/% | 水泥/kg | 水/kg | 砂/kg | 石/kg | 粉煤灰/kg | 外加剂/kg |
|---|---|---|---|---|---|---|---|---|
| C30 | 0.47 | 43% | 284 | 178 | 783 | 1037 | 95 | 7.6 |

## 二、混凝土配合比的试配

（1）混凝土配合比设计应采用工程实际使用的原材料,并应满足国家现行标准的有关要求;配合比设计应以干燥状态骨料为基准,细骨料含水率应小于0.5%,粗骨料含水率应小于0.2%。

（2）试验室成型室保持（20±5）℃。

（3）采用60L,每盘混凝土试配的最小搅拌量应符合表3-31规定,并不应小于搅拌机额定搅拌量的1/4。

表 3-31 混凝土试配的最小搅拌量

| 粗骨料最大公称粒径/mm | 拌和物数量/L |
| --- | --- |
| ≤31.5 | 20 |
| 40 | 25 |

普通混凝土试配简易流程,如图3-28所示。

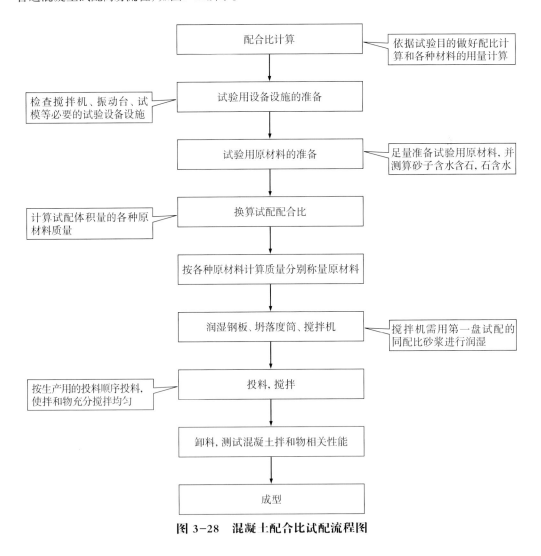

图 3-28 混凝土配合比试配流程图

(4)先用计算配合比进行试拌,查看混凝土拌和物性能能否符合设计要求。否则,宜在计算水胶比保持不变的情况下,通过调整配合比其他参数使混凝土拌和物性能符合设计要求,然后修正计算配合比,提出试拌配合比。

(5)应至少采用三个不同的配合比,其中一个应为试拌配合比,另外两个配合比的水胶比宜较试拌配合比分别增加和减少0.05,用水量应与试拌配合比相同,砂率可分别增加和减少1%。在试拌配合比的基础上进行相关拌和物性能、力学性能和耐久性试验。

（6）称量精度为：骨料±1%；水、水泥、掺和料、外加剂分别为±0.5%。

（7）每个配合比应至少制作一组试件,标准养护到28d或设计规定龄期时试压。

根据需要绘制试验强度值与胶水比关系如图3-29所示。

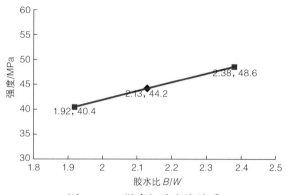

**图 3-29　强度与胶水比关系**

## 三、配合比的调整与确定

（1）通过绘制强度和胶水比关系图,按线性比例关系,考虑到施工过程的各种因素,采用略大于配制强度对应的胶水比做进一步配合比调整偏于安全。

（2）当混凝土拌和物表观密度实测值与计算值之差的绝对值不超过计算值的2%时,配合比可维持不变；当两者之差超过2%时,应将配合比中每项材料用量均乘以校正系数 $\delta$ 。

$$\delta = \frac{\rho_{c,t}}{\rho_{c,c}} \qquad (3-17)$$

式中　$\delta$——混凝土配合比校正系数；

　　　$\rho_{c,t}$——混凝土拌和物的表观密度实测值,kg/m³；

　　　$\rho_{c,c}$——混凝土拌和物的表观密度计算值,kg/m³。

（3）配合比调整后,应测定拌和物水溶性氯离子含量,试验结果应符合相关规定。

（4）对有耐久性要求的混凝土应进行相关耐久性试验验证。

（5）试验室可根据常用材料设计出常用的混凝土配合比备用,并应在启用过程中予以验证或调整。遇有下列情况之一时,应重新进行配合比设计：

① 对混凝土性能有特殊要求时；

② 水泥、外加剂或矿物掺和料等原材料品种、质量有显著变化时。

（6）试验室应对混凝土配合比的调整进行试验验证,验证的范围要能涵盖授权范围。

（7）试配记录应及时填制,记录内容齐全、真实,见表3-32-（1）~表3-32-（5）。

## 表3-32-(1) 混凝土试配记录(范例)

试配编号：sp2013-001

设计强度等级：C30　　　　　　　　　设计坍落度/mm：180±30

其他设计要求：

试验目的：混凝土强度、和易性

组织人：李强　　　　　　参加人：张军、刘卫东、王安　　　试配日期：2013年1月4日　　　环境温、湿度：23℃、65%

使用原材料情况

| 水泥 | 试验编号 | C2013-001 | | 试验编号 | F2013-001 | | 试验编号 | K2013-001 | | 试验编号 | S2013-001 | | 试验编号 | G2013-001 |
|---|---|---|---|---|---|---|---|---|---|---|---|---|---|---|
| | 厂别、牌号 | 琉璃河 | 粉煤灰 | 厂家 | 张家口 | 矿粉 | 厂家 | 唐龙 | 砂 | 产地 | 涞水 | 石 | 产地、规格、品种 | 涞水5~25mm碎石 |
| | 品种、强度等级 | P·O 42.5 | | 等级 | I级 | | 等级 | S95级 | | 细度模数 | 2.7 | | 含泥量 | 0.3% |
| | 标准稠度 | 27.6% | | 细度 | 8.5% | | 比表面积 | 420m²/kg | | 含泥量 | 1.8% | | 泥块含量 | 0.1% |
| | 初凝时间 | 180min | | 需水量比 | 94% | | 流动度比 | 99% | | 泥块含量 | 0.2% | | 针片状含量 | 5% |
| | 终凝时间 | 230min | | 烧失量 | 3.2% | | 7d抗压强度比 | 82% | | | | | 压碎指标值 | 7.1% |
| | 28d标养强度 | 52.4MPa | | | | | 28d抗压强度比 | 105% | | | | | | |

| 外加剂 | 试验编号 | W2013-001 |
|---|---|---|
| | 名称 | YNF-9 |
| | 种类 | 聚羧酸减水剂 |
| | 厂别 | 杨杨润华 |
| | 技术指标 | |

表3-32-（2）　混凝土试配记录（范例）

| 编号 | | 水胶比 | 砂率/% | 每立方米材料用量/(kg/m³) | | | | | | | | | | |
| --- | --- | --- | --- | --- | --- | --- | --- | --- | --- | --- | --- | --- | --- | --- |
| | | | | 水 | 水泥 | 砂1 | 砂2 | 石1 | 石2 | 粉煤灰 | 矿粉 | 外加剂1 | 外加剂2 | |
| 2013-001-1 | 计算 | 0.52 | 44 | 178 | 205 | 824 | — | 1049 | — | 68 | 68 | 6.8 | — | |
| | 调整 | | | | | | | | | | | | | |
| 2013-001-2 | 计算 | 0.47 | 43 | 178 | 227 | 792 | — | 1051 | — | 76 | 76 | 7.6 | — | |
| | 调整 | | | | | | | | | | | | | |
| 2013-001-3 | 计算 | 0.42 | 42 | 178 | 254 | 752 | — | 1038 | — | 85 | 85 | 8.5 | — | |
| | 调整 | | | | | | | | | | | | | |
| | 计算 | | | | | | | | | | | | | |
| | 调整 | | | | | | | | | | | | | |
| | 计算 | | | | | | | | | | | | | |
| | 调整 | | | | | | | | | | | | | |
| | 计算 | | | | | | | | | | | | | |
| | 调整 | | | | | | | | | | | | | |
| | 计算 | | | | | | | | | | | | | |
| | 调整 | | | | | | | | | | | | | |
| | 计算 | | | | | | | | | | | | | |
| | 调整 | | | | | | | | | | | | | |
| | 计算 | | | | | | | | | | | | | |
| | 调整 | | | | | | | | | | | | | |

表 3-32-（3）　混凝土试配记录（范例）

| 编号 | | 试件尺寸/mm×mm×mm | 成型量/儿 | 每盘材料用量/（kg/盘） | | | | | | | | | |
| --- | --- | --- | --- | --- | --- | --- | --- | --- | --- | --- | --- | --- | --- |
| | | | | 水 | 水泥 | 砂1 | 砂2 | 石1 | 石2 | 粉煤灰 | 矿粉 | 外加剂1 | 外加剂2 |
| 2013-001-1 | 计算 | 100×100×100 | 20 | 3.56 | 4.10 | 16.48 | — | 20.98 | — | 1.36 | 1.36 | 0.14 | — |
| | 调整 | | | | | | | | | | | | |
| 2013-001-2 | 计算 | 100×100×100 | 20 | 3.56 | 4.54 | 15.84 | — | 21.02 | — | 1.52 | 1.52 | 0.15 | — |
| | 调整 | | | | | | | | | | | | |
| 2013-001-3 | 计算 | 100×100×100 | 20 | 3.56 | 5.08 | 15.04 | — | 20.76 | — | 1.70 | 1.70 | 0.17 | — |
| | 调整 | | | | | | | | | | | | |
| | 计算 | | | | | | | | | | | | |
| | 调整 | | | | | | | | | | | | |
| 抗渗01C20P10 | 计算 | φ175×185×150 | 30 | | | | | | | | | | |
| | 调整 | | | | | | | | | | | | |
| | 计算 | | | | | | | | | | | | |
| | 调整 | | | | | | | | | | | | |
| | 计算 | | | | | | | | | | | | |
| | 调整 | | | | | | | | | | | | |
| 抗冻01C30F200 | 计算 | 100×100×400 | 20 | | | | | | | | | | |
| | 调整 | | | | | | | | | | | | |
| | 计算 | | | | | | | | | | | | |
| | 调整 | | | | | | | | | | | | |
| | 计算 | | | | | | | | | | | | |
| | 调整 | | | | | | | | | | | | |

表 3-32-（4） 混凝土试配记录（范例）

| 编号 | 拌和物工作性能 | 拌和物性能 | | | | | | 表观密度 | | 配合比校正系数/δ | 配合比是否需要调整 | 拌和物中水溶性氯离子含量/% | 凝结时间/(h:min) | | 备注 |
|---|---|---|---|---|---|---|---|---|---|---|---|---|---|---|---|
| | | 出机 | | 1h | | 2h | | 计算/kg/m³ | 实测/kg/m³ | | | | 初凝 | 终凝 | |
| | | 坍落度/mm | 扩展度/mm | 坍落度/mm | 扩展度/mm | 坍落度/mm | 扩展度/mm | | | | | | | | |
| 2013-001-1 | 良好 | 180 | 480 | 170 | 460 | 160 | 440 | 2400 | 2405 | 1.0021 | 否 | 0.0086 | 8h30min | 10h40min | |
| 2013-001-2 | 良好 | 180 | 500 | 175 | 480 | 170 | 470 | 2400 | 2405 | 1.0021 | 否 | 0.0084 | 8h30min | 10h40min | |
| 2013-001-3 | 良好 | 185 | 500 | 180 | 480 | 175 | 470 | 2400 | 2410 | 1.0042 | 否 | 0.0089 | 8h20min | 11h00min | |
| | | | | | | | | | | | | | | | |
| | | | | | | | | | | | | | | | |
| | | | | | | | | | | | | | | | |
| | | | | | | | | | | | | | | | |

注：凝结时间为观察时间。

表 3-32-（5）　混凝土试配记录（范例）

抗压强度

| 编号 | 龄期/d 3 | | | | | 龄期/d 7 | | | | | 龄期/d 28 | | | | | 龄期/d | | | | |
|---|---|---|---|---|---|---|---|---|---|---|---|---|---|---|---|---|---|---|---|---|
| | 试压日期 | 荷载/kN | | | 15cm³强度 | 试压日期 | 荷载/kN | | | 15cm³强度 | 试压日期 | 荷载/kN | | | 15cm³强度 | 试压日期 | 荷载/kN | | | 15cm³强度 |
| | | 1 | 2 | 3 | | | 1 | 2 | 3 | | | 1 | 2 | 3 | | | 1 | 2 | 3 | |
| 2013-001-1 | 1.7 | 183 | 178 | 188 | 17.4 | 1.11 | 287 | 289 | 288 | 27.4 | 2.1 | 423 | 432 | 422 | 40.4 | | | | | |
| 2013-001-2 | 1.7 | 222 | 205 | 212 | 20.2 | 1.11 | 333 | 324 | 319 | 30.9 | 2.1 | 456 | 462 | 478 | 44.2 | | | | | |
| 2013-001-3 | 1.7 | 245 | 244 | 243 | 23.2 | 1.11 | 356 | 368 | 378 | 34.9 | 2.1 | 512 | 522 | 500 | 48.6 | | | | | |
| | | | | | | | | | | | | | | | | | | | | |
| | | | | | | | | | | | | | | | | | | | | |
| | | | | | | | | | | | | | | | | | | | | |

P·O 42.5水泥+II级粉煤灰+S95级矿粉+高效减水剂

表 3-33 ××××年××配合比清单

| 强度等级 | 水胶比 | 砂率/% | 水 | 水泥 | 粉煤灰 | 矿粉 | 砂子 | 石子 | 废石 | 高效减水剂 | 试配编号 |
|---|---|---|---|---|---|---|---|---|---|---|---|
| C25 | 0.52 | 45 | 178 | 205 | 70 | 65 | 847 | 315 | 720 | H=160~180 2.2%/7.48 | 2013-02 |
| C30 | 0.47 | 43 | 178 | 227 | 76 | 76 | 792 | 1051 | 720 | H=160~180 2.2%/8.14 | 2013-02 |
| C35 | 0.44 | 42 | 175 | 240 | 80 | 80 | 766 | 339 | 720 | H=160~180 2.3%/9.20 | 2013-02 |
| C40 | 0.41 | 41 | 175 | 260 | 80 | 90 | 736 | 339 | 720 | H=160~180 2.4%/10.32 | 2013-02 |
| C45 | 0.38 | 40 | 170 | 280 | 80 | 90 | 712 | 1068 | 0 | H=160~180 2.5%/11.25 | 2013-02 |

审批人:(总工签字)　　　　审核人:(试验室主任签字)　　　　制表人:　　　　确认日期:xxxx年xx月xx日

注:
1. 根据试配结果,能够满足各项试配设计指标,确定常用配合比备用。
2. 制表,必须注明试配编号。
3. 有确认日期。
4. 由试验室主任确认,经技术总工审批方可使用。

## 四、配合比的确认与签发

（1）混凝土配合比试配的各项技术指标均满足配合比设计要求后，由试配负责人提交试配报告，试验室主任审核，经预拌混凝土企业技术负责人审批后方可签发使用（见表3–33）。

（2）试验室根据生产部门下发的生产任务单，从已确认的配合比备用表中选用适合的配合比出具混凝土配合比通知单。混凝土配合比通知单必须经试验室主任批准签字后方可发给工地。

（3）生产中混凝土的试拌

① 生产过程中可根据企业自身情况对在用混凝土配合比进行试拌，验证配合比能否满足要求。

② 在日常生产中，如遇拌和物质量出现波动，或对进场原材料质量有怀疑时，可随时取正在使用的原材料或有怀疑的原材料进行试拌，查找造成拌和物质量波动的原因，对施工配合比及时进行调整，满足质量和生产需要。

③ 试拌过程需要详细记录。

## 五、自密实混凝土、高强混凝土等特种混凝土的设计应按照相应标准执行。

# 第三节 混凝土试验

## 一、混凝土拌和物试验

普通混凝土拌和物性能主要有以下几种：稠度、凝结时间、泌水和压力泌水、表观密度、含气量等。其试验方法执行《普通混凝土拌和物性能试验方法标准》GB/T 50080。

除此之外，混凝土拌和物还有一些其他性能和参数，比如：各组成材料比例（配合比）、水胶比、可溶性氯离子含量、碱含量等。

本节主要针对预拌混凝土拌和物的主要性能试验方法进行阐述。

### （一）取样及试样制备

（1）同一组试件应从同一盘或同一车内抽取，取样量应多于试验量的1.5倍，且不少于20L。

（2）宜采用多次采样方法，分别从同一盘或同一车的约1/4、1/2、3/4处取样，总取样时间控制在15min之内，然后搅拌均匀。

（3）从取样完毕到开始各项性能试验不宜超过5min。

（4）试验制备分为试验室制备、模拟现场条件制备两种形式。试验室制备试样的试验室温度和各种原材料温度应保持在（20±5）℃；模拟施工现场条件制备试样，原材料温度应保持与现场一致。

（5）试验室制备试样时，原材料的称量精度：骨料为±1%；水泥、掺和料、外加剂均为±0.5%。

（6）试验制备完毕到开始做各项性能试验不宜超过5min。

## （二）稠度试验

由于预拌混凝土绝大多数为流动性混凝土，因此，预拌混凝土稠度指混凝土的坍落度和扩展度。

（1）适用范围：混凝土粗骨料最大粒径不大于40mm，混凝土坍落度不小于10mm。

（2）试验仪器：坍落度筒、钢尺、底板（检测板——刻有标注直径的同心圆的塑料板，方便观察和检测扩展度及T500）等。

（3）试验流程：坍落度与坍落扩展度试验程序框图如图3-30所示。

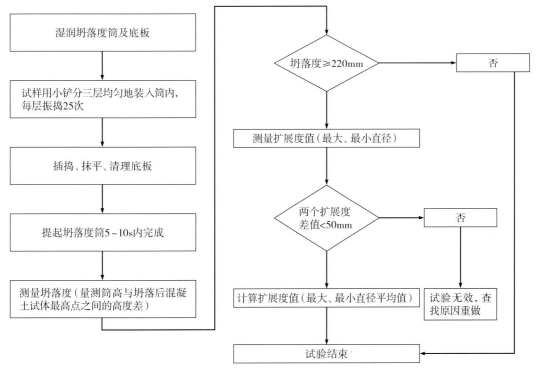

**图 3-30 坍落度与坍落扩展度试验程序框图**

（4）结果计算与确定：坍落度和坍落扩展度均以mm为单位，测量精确至1mm，结果表达修约至5mm。坍落度的修约范例见表3-34。

**表 3-34 坍落度的修约值**　　　　　　　　　　　**单位：mm**

| 试验读数 | 修约至5mm后结果 | 修约规则 |
| --- | --- | --- |
| 162 | 160 | 2——→0 |
| 163 | 165 | 3——→5 |
| 177 | 175 | 7——→5 |
| 178 | 180 | 8——→0进1 |

（5）坍落度及坍落扩展度试验中常见问题分析

① 坍落度或坍落扩展度是表证混凝土的流动性指标，而流动性混凝土的粘聚性和保水性指标，需要在试验过程中通过直观判断来描述，这种描述很大程度上取决于有关人员对混凝土和易性的直观感觉。因此，要准确判断混凝土的粘聚性和保水性良好与否，需要拥有丰富的实践经验。

混凝土的粘聚性和保水性是否可以通过仪器准确测量呢？回答是肯定的。混凝土的保水性可通过泌水试验以泌水量多少来衡量，而粘聚性也可以通过粘度计来测定。目前粘度计有净浆粘度计、砂浆粘度计和混凝土粘度计。

测量混凝土粘聚性以通过混凝土粘度计测量其粘度值最为准确，但由于试验设备昂贵，一般预拌混凝土企业很难开展混凝土粘度试验。通过相对简便的净浆或砂浆粘度计试验可以代替混凝土粘度计试验来检测混凝土的粘聚性，但相关性稍差。

② 影响坍落度及坍落扩展度的主要因素：混凝土坍落度试验简便，特别适合在施工现场检测混凝土的流动性，但坍落度和扩展度试验必须严格执行标准的规定，否则，检测误差非常大，结果不具代表性。

影响混凝土坍落度和扩展度的主要因素，可以概括为以下几方面：

Ⅰ. 试验仪器及试验条件　坍落度筒变形、筒内壁沾有混凝土、不标准的插捣棒、不满足要求的底板或者直接把现场的地坪作为底板、以卷尺取代钢尺等现象，严重影响试验结果，结果具有很大的随机性，很难体现混凝土真实性能，经常造成误判。

Ⅱ. 试验手法　试验前不润湿坍落度筒和底板或润湿后坍落度筒和底板上有汪水、没有均分三层装料、插捣次数不标准、瞬间提起坍落度筒、混凝土试体严重向一边倾斜、混凝土还在流动情况下就开始测量坍落度值等现象，这些都严重影响混凝土坍落度的真实结果，失去坍落度和扩展度检测的意义。

Ⅲ. 样品不具代表性　没有按照标准中规定的取样方法取样，在不进行快速强制搅拌的情况下从搅拌车中直接放出刚刚够做试验用的混凝土，混凝土的匀质性很差，不具代表性。

或者从混凝土搅拌车放料到小推车后，长距离行走至试验地点，混凝土经长时间颠簸振捣，表面会出现大量浮浆，在小推车内很难人工搅拌均匀，这种情况下直接用锹或铲捞取混凝土进行试验，试验结果严重偏离真实值。

Ⅳ. 混凝土离析　混凝土离析状态下进行坍落度试验，在坍落下来的混凝土中间有石子堆积，我们通常说有"硬芯"，这时的坍落度是不真实的，无法准确地反映混凝土状态，没有实际意义。

## （三）凝结时间试验

1. 适用范围

适用于从混凝土拌和物中筛出砂浆用贯入阻力法来确定坍落度值不小于零的混凝土拌和物的凝结时间的测定。

2. 试验仪器

贯入阻力仪（包括加荷装置、测针、砂浆试样筒）、5mm标准筛。

3. 试验流程 (图3–31)

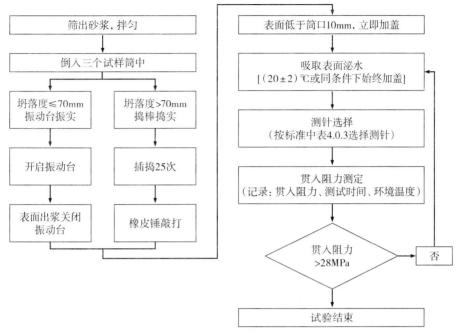

**图 3–31 试验流程**

4. 结果计算与确定

贯入阻力的结果计算以及初凝时间和终凝时间的确定应按下述方法进行。

（1）贯入阻力应按下式计算：

$$f_{pR} = \frac{P}{A} \tag{3-18}$$

式中 $f_{pR}$ ——贯入阻力，MPa；

$P$ ——贯入压力，N；

$A$ ——测针面积，$mm^2$。

计算应精确至0.1MPa。

（2）凝结时间宜通过线性回归方法确定。回归方程为：

$$\ln(t) = A + B\ln(f_{pR}) \tag{3-19}$$

式中 $t$ ——时间，min；

$f_{pR}$ ——贯入阻力，MPa；

$A$、$B$ ——线性回归系数。

根据式（3–19）求得贯入阻力3.5MPa时初凝时间为$t_s$，贯入阻力28MPa时终凝时间为$t_e$：

$$t_s = e^{[A+B\ln(3.5)]} \tag{3-20}$$

$$t_e = e^{[A+B\ln(28)]} \tag{3-21}$$

凝结时间也可用绘图拟合方法确定，是以贯入阻力为纵坐标、经过的时间为横坐标（精确至1min），绘制出贯入阻力与时间之间的关系曲线，以3.5MPa和28MPa画两条平行于横坐标的直线，分别与曲线相交的两个交点的横坐标即为混凝土拌和物的初凝时间和终凝时间。

（3）用三个试验结果的算术平均值为此次试验的初凝时间和终凝时间。如果三个测值的最大值或最小值中有一个与中间值之差超过中间值的10%，则以中间值为试验结果；如果最大值和最小值与中间值之差均超过中间值的10%，则此次试验无效。

试验结果以h:min表示，并修约至5min。

5. 凝结时间试验中常见问题分析

（1）不得配制同配比的砂浆来代替，用同配比的砂浆的凝结时间会比混凝土的凝结时间长得多。

（2）凝结时间的测定对环境温度的要求较高，有一个稳定的测试环境，是保证凝结时间测试精度的必要条件。在现场同条件测试时，应避免阳光直射，以免试样筒内的温度超过现场环境温度。

（3）测针试验开始时间随各种拌和物的性能不同而不同，先行测试贯入阻力在0.2MPa左右时开始记录试验时间和所对应的贯入阻力。一般情况下，基准混凝土成型后2~3h、掺早强剂的混凝土在1~2h、掺缓凝剂的混凝土在4~6h后开始用测针测试。

（4）试验过程比较繁琐，且限制条件较多，结果确定过程复杂，适用性较差。标养条件下凝结时间试验比较适用于两种不同的配合比在相同条件下的平行对比，而对指导实际生产意义有限。

（5）建议预拌混凝土企业建立EXCEL自动模式确定凝结时间，可以借鉴表3-35。

（6）多数预拌混凝土企业凝结试验采用观察法。用观察试块的硬化过程来粗略判断凝结时间，虽然做法相对粗糙，但用于生产过程中的配比调整还是有一定借鉴意义。

## （四）泌水与压力泌水试验

1. 适用范围

适用于骨料最大粒径不大于40mm的混凝土拌和物的泌水测定。

2. 试验仪器

泌水试验所用仪器有配有盖子的5L试验筒、台秤、量筒、振动台或捣棒；压力泌水试验所用仪器有压力泌水仪、捣棒和量筒。

3. 试验流程（图3-32）

4. 结果计算与确定

（1）泌水试验

① 泌水量应按下式计算：

$$B_a = \frac{V}{A} \tag{3-22}$$

式中　$B_a$——泌水量，mL/mm$^2$；

$V$——最后一次吸水后的累计泌水量，mL；

$A$——试验外露的表面面积，mm$^2$。

## 表 3-35　混凝土凝结时间试验记录

任务单编号: 2012-01254　　生产日期: 2012/2/29　　成型时间: 9:10

工程名称: _____　施工部位: _____　其他: _____

强度等级: _____　试配编号: _____

| 序号 | 测定时间 | 时间/min | 温度/°C | 测针面积/mm² 试样1 | 试样2 | 试样3 | 贯入压力/N 试样1 | 试样2 | 试样3 | 贯入阻力/MPa 试样1 | 试样2 | 试样3 | ln/fm 试样1 | 试样2 | 试样3 | ln/t |
|---|---|---|---|---|---|---|---|---|---|---|---|---|---|---|---|---|
| 1 | 14:10 | 300 | 24.0 | 100 | 100 | 100 | 0 | 0 | 0 | 0 | 0 | 0 | | | | 5.7 |
| 2 | 14:40 | 330 | 24.0 | 100 | 100 | 100 | 0 | 0 | 10 | 0 | 0.1 | 0.1 | | -2.3 | -2.3 | 5.8 |
| 3 | 15:10 | 350 | 25.0 | 100 | 100 | 100 | 20 | 40 | 20 | 0.2 | 0.4 | 0.2 | -1.6 | -0.9 | -1.6 | 5.9 |
| 4 | 15:40 | 390 | 25.0 | 100 | 100 | 100 | 50 | 60 | 50 | 0.5 | 0.6 | 0.5 | -0.7 | -0.5 | -0.7 | 6.0 |
| 5 | 16:10 | 420 | 25.0 | 100 | 100 | 100 | 80 | 90 | 100 | 0.8 | 0.9 | 1 | -0.2 | -0.1 | 0.0 | 6.0 |
| 6 | 16:40 | 450 | 25.0 | 100 | 100 | 100 | 210 | 180 | 190 | 2.1 | 1.8 | 1.9 | 0.7 | 0.6 | 0.6 | 6.1 |
| 7 | 17:10 | 480 | 25.0 | 100 | 100 | 50 | 550 | 560 | 200 | 3.3 | 3.5 | 4 | 1.2 | 1.5 | 1.4 | 6.2 |
| 8 | 17:40 | 510 | 22.0 | 50 | 50 | 50 | 570 | 410 | 420 | 7.4 | 8.2 | 8.4 | 2.0 | 2.1 | 2.1 | 6.2 |
| 9 | 18:10 | 540 | 22.0 | 20 | 20 | 20 | 450 | 480 | 500 | 22.5 | 24 | 25 | 5.1 | 5.2 | 5.2 | 6.5 |
| 10 | 18:40 | 570 | 21.0 | 20 | 20 | 20 | 520 | 570 | 550 | 26 | 28.5 | 27.5 | 5.5 | 5.5 | 5.5 | 6.5 |
| 11 | 19:10 | 600 | 21.0 | 20 | 20 | 20 | 680 | 750 | 700 | 34 | 36.5 | 35 | 5.5 | 5.6 | 5.6 | 6.4 |

"贯入阻力-时间" 对应关系曲线图

试样1

| | A | B | r | 相关性 |
|---|---|---|---|---|
| | 6.043 | 0.093 | 0.993 | 良好 |

回归方程: $\ln(t) = 6.043 + 0.093 \ln(f_{PR})$

初凝时间/min　473

终凝时间/min　575

试样2

| | A | B | r | 相关性 |
|---|---|---|---|---|
| | 6.024 | 0.098 | 0.990 | 良好 |

$\ln(t) = 6.024 + 0.098 \ln(f_{PR})$

467

573

试样3

| | A | B | r | 相关性 |
|---|---|---|---|---|
| | 6.033 | 0.095 | 0.995 | 良好 |

$\ln(t) = 6.033 + 0.095 \ln(f_{PR})$

469

572

线性回归系数及相关系数计算

凝结时间试验结果（精确至5min）

凝结时间结果累计计算（平均值）

初凝时间　470　7h:50mm

终凝时间　573　9h:35mm

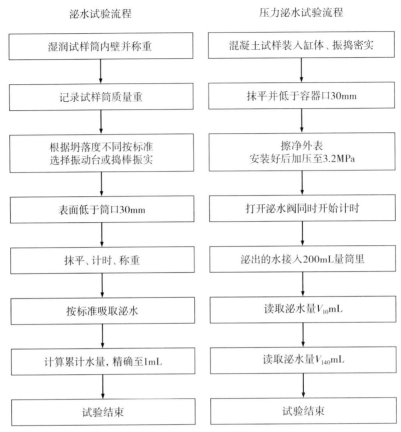

图 3-32 试验流程

试验应精确至0.01ml/mm²。泌水量取三个试样测值的平均值。如果三个测值的最大值或最小值中有一个与中间值之差超过中间值的15%，则以中间值为试验结果；如果最大值和最小值与中间值之差均超过中间值的15%，则此次试验无效。

② 泌水率应按下式计算：

$$B = \frac{V_W}{(W / G)G_W} \times 100\%$$ （3-23）

$$G_W = G_1 - G_0$$ （3-24）

式中　$B$——泌水率，%；

　　　$V_W$——泌水总量，mL；

　　　$G_W$——试样质量，g；

　　　$W$——混凝土拌和物总用水量，mL；

　　　$G$——混凝土拌和物总质量，g；

　　　$G_1$——试样筒及试样总质量，g；

　　　$G_0$——试样筒质量，g。

计算应精确至1%。泌水率取三个试样测值的平均值。如果三个测值的最大值或最小值中有一个与中间值之差超过中间值的15%，则以中间值为试验结果；如果最大值和最小值与中间值之差均超过中间值的15%，则此次试验无效。

（2）压力泌水试验

压力泌水率应按下式计算：

$$B_V = \frac{V_{10}}{V_{140}} \times 100\% \tag{3-25}$$

式中　$B_V$——压力泌水率，%；

　　　$V_{10}$——加压至10s时的泌水量，mL；

　　　$V_{140}$——加压至140s时的泌水量，mL。

压力泌水率的计算应精确至1%。

5.泌水和压力泌水试验常见问题分析

（1）泌水试验整个过程除了吸水操作过程外，都要盖好盖子，防止水分蒸发，同时保持室温在（20±2）℃范围内，否则会影响试验结果的准确性。在施工现场，由于混凝土的泌水和蒸发过程同时进行，只有当泌水速度大于蒸发速度时，我们才能看到混凝土表面的泌水，否则，尽管混凝土有泌水，可是我们却看不到。因此，现场混凝土泌水与环境温度、风速及空气相对湿度有着密切的联系，撇开这些条件谈现场混凝土泌水与否是不准确的，且经常会造成误判。

（2）泌水试验的结果是衡量混凝土保水性重要指标，而压力泌水试验结果则是衡量混凝土在压力作用下的保水性的重要指标，与混凝土的可泵性密切相关，通常作为检验混凝土可泵性的性能指标。因此，我们不能等到混凝土出现严重泌水或经常堵泵时才想到进行泌水和压力泌水试验，而是应该在混凝土配合比选材、设计与试配时就要充分考虑混凝土的泌水和压力泌水性能，并择优选择泌水和压力泌水指标优良的配合比。

（3）由于标准中压力泌水试验所采用的压力值较低，对于高层泵送指导意义受到限制。因此，高层泵送混凝土压力泌水试验可根据实际情况采用专用设备，增加试验压力值，更好地检验不同配合比混凝土在高压下的保水性能。

（4）当混凝土出现严重泌水时，混凝土内部会产生泌水通道，同时上行的泌水碰到钢筋会在钢筋下方形成水泡，降低钢筋的握裹强度，造成钢筋锈蚀，对混凝土结构有较大影响，同时，大量泌水会降低混凝土表面强度，严重时会出现混凝土表面粉尘化。但少量的泌水对混凝土的影响具有双重性，虽然表面混凝土因水胶比加大而强度降低，但同时表面少量的泌水有利于表面的修整，同时有利于表面混凝土的初期养护。

## （五）表观密度试验

1.适用范围

适用于测定混凝土拌和物捣实后的单位体积质量（及表观密度）。

2.试验仪器

容量筒、台秤、振动台或捣棒。

3. 试验流程（图3-33）

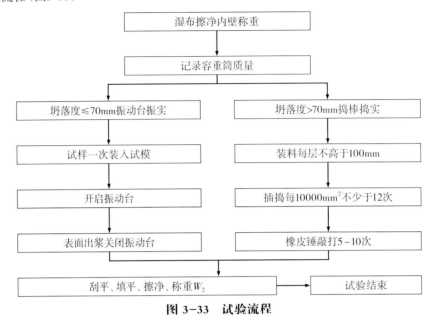

图 3-33　试验流程

4. 结果计算与确定

混凝土拌和物表观密度应按下式计算：

$$\gamma_{h} = \frac{W_2 - W_1}{V} \times 100\% \qquad (3-26)$$

式中　$\gamma_{h}$——表观密度，kg/m³；

　　　$W_1$——容量筒质量，kg；

　　　$W_2$——容量筒和试样总质量，kg；

　　　$V$——容量筒容积，L。

试验结果的计算精确至10kg/m³。

5. 表观密度试验常见问题分析

（1）因成型时试模边角粗骨料的差异较大，所以不得采用试模来测定拌和物的表观密度。

（2）表观密度测试值通常小于实体表观密度值，主要是现场过振造成的含气量降低所致，这也是混凝土亏方的原因之一。

（3）进行表观密度试验前应对容重筒进行标定，以标定的实际结果作为容重筒的实际容积$V$。

（4）混凝土表观密度是混凝土配合比设计的依据之一，应尽可能保证其准确性。

## （六）含气量试验

1. 适用范围

适用于骨料最大粒径不大于40mm的混凝土拌和物的含气量测定。

2. 试验仪器

含气量测定仪、捣棒或振动台、台秤、橡皮锤。

## 3. 试验流程

第一步: 骨料含气量试验 (图3-34)

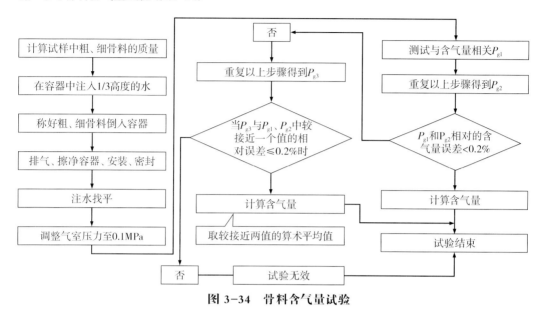

**图 3-34 骨料含气量试验**

第二步: 混凝土拌和物含气量试验 (图3-35)

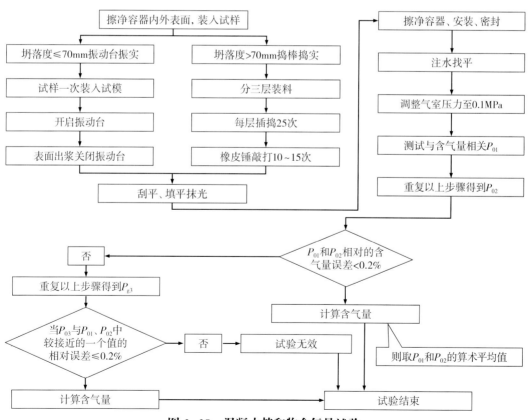

**图 3-35 混凝土拌和物含气量试验**

4.结果计算与确定

混凝土拌和物含气量应按下式计算：

$$A = A_0 - A_g \qquad (3-27)$$

式中  $A$ ——拌和物含气量，%；

$A_0$ ——两次含气量测定的平均值，%；

$A_g$ ——骨料含气量，%。

5.含气量试验常见问题分析

（1）含气量的标准做法应该是首先检测该配合比下骨料的含气量，然后再检测，混凝土的含气量即为：混凝土与骨料的总含气量减去骨料含气量。但实际上很少有人去考虑骨料的含气量，而把混凝土与骨料的总含气量作为混凝土的含气量，所以测得的含气量有一定的偏差，相对偏大。

（2）砂石的表面存在孔隙，试验过程中不能达到完全吸水饱和状态，因此骨料自身会含有一定的气体，而其含气量大小与骨料的吸水率相对应。通常情况下骨料的含气量较小。

## 二、硬化后混凝土性能试验

硬化后混凝土的具体试验方法应符合《普通混凝土力学性能试验方法标准》GB/T 50081与《普通混凝土长期性能和耐久性能试验方法标准》GB/T 50082。

预拌混凝土企业应根据工程对混凝土力学性能、耐久性能的要求进行试验。硬化后混凝土性能试验项目比较多，本书只列出预拌混凝土企业常规进行的立方体抗压、抗折、抗渗、抗冻（慢冻法）四项试验的关键控制点。

成型前的取样操作是硬化混凝土性能试验的首要环节，决定了所取拌和物样品的匀质性和代表性，具体要求如图3-36（1）（2）所示。

同一组混凝土拌和物的取样从同一盘混凝土或同一车混凝土中取样。取样量应多于试验所需量的1.5倍；且不小于20L。混凝土拌和物的取样应具有代表性，在15min内从同一盘混凝土或同一车混凝土中的约1/4处、1/2处和3/4处之间分别取样，然后人工搅拌均匀。

取样或拌制好的混凝土拌和物在试验前应至少再拌合三次以保证拌和物匀质，拌和物拌合搅拌后应立即成型或试验。大流动性混凝土、自密实混凝土、重混凝土等拌和物应在平板二次拌合方可试验。

**图 3-36  取样（1）（2）**

### （一）混凝土立方体抗压试验

1. 试件制作及养护[图3-37（1）~（8）]

**试件制作及养护（1）**

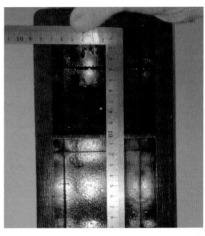

成型前检查试模尺寸，试模内表面应涂一薄层矿物油或其他不与混凝土发生反应的脱模剂。

**试件制作及养护（2）**

确定混凝土成型方法：坍落度不大于70mm的混凝土宜用振动振实；大于70mm的宜用捣棒人工捣实。但对于粘度较大的混凝土拌合物，虽然坍落度大于70mm，也可用振动振实。

用振动台振实制作试件应按下述方法进行：将混凝土拌和物一次装入试模，装料时应用抹刀沿各试模壁插捣，并使混凝土拌和物高出试模口，试模应附着或固定在振动台上，振动时试模不得有任何跳动，振动应持续到表面出浆为止，不得过振，然后刮除试模上口多余的混凝土。

## 试件制作及养护（3）

试件成型后应立即贴标签防止混淆并用不透水的薄膜覆盖表面。

## 试件制作及养护（4）

待混凝土临近初凝时用抹刀抹平。

## 试件制作及养护（5）

试件终凝后注明试件编号、强度等级、成型日期等信息。确保试件标识的唯一性。

## 试件制作及养护（6）

采用标准养护的试件在温度为（20±5）℃的环境中静置一昼夜至二昼夜后拆模。

## 试件制作及养护（7）

抗压强度试件通常采用100mm×100mm×100mm的非标准试件，混凝土强度等级≥60MPa采用边长为150mm的立方体标准试件。抗压强度试验以三个试件为一组。

## 试件制作及养护（8）

试件拆模后立即放入温度为（20±2）℃，相对湿度为95%以上的标准养护室中养护。试件放在标准养护室内的支架上，彼此间隔10~20mm，并保持潮湿，但不要用水直接冲淋。标准养护龄期为28d（从搅拌加水开始计时），可根据实际需要留置早期强度验证试件。

**图 3-37　试件制作及养护（1）~（8）**

2. 立方体抗压强度试验[图3-38（1）~（5）]

### 立方体抗压强度试验（1）

确认混凝土试件尺寸：试验前使用钢直尺测量，试件的承压面的平面度公差不得超过0.0005d（d为边长），试件的相邻面间的夹角应为90°，其公差不得超过0.5°，试件各边长直径和高的尺寸的公差不得超过1mm。

### 立方体抗压强度试验（2）

将试件表面与压力机上下承压板面擦干净。选择合适的试验机量程，其量程使试件的预期破坏荷载值不小于全量程的20%，也不大于全量程的80%。

### 立方体抗压强度试验（3）

将试件安放在试验机的下压板或垫板上，试件的承压面应与成型时的顶面垂直。试件的中心应与试验机下压板中心对准，开动试验机当上压板与试件或钢垫板接近时调整球座使接触均衡。

### 立方体抗压强度试验（4）

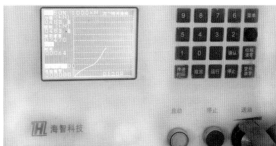

试验过程中压力试验机应连续而均匀地加荷，混凝土强度等级<C30时，加荷速度为0.3~0.5MPa/s；混凝土强度等级≥C30且<C60时，加荷速度为0.5~0.8MPa/s；混凝土强度等级≥C60时加荷速度为0.8~1.0MPa/s。当试块接近破坏而开始迅速变形时，停止调整试验机油门，直至试块破坏。

### 立方体抗压强度试验（5）

每次试验结束后，记录试验结果，清除被压碎试块。对规范和标准没有明确要求的试件，试验完成后保留时间不得少于24h。

**图 3-38 立方体抗压强度试验（1）~（5）**

### （二）混凝土抗折试验

1. 试件制作及养护[图3–39（1）~（6）]

**试件制作及养护（1）**

成型前检查试模尺寸，试模内表面应涂一薄层矿物油或其他不与混凝土发生反应的脱模剂。

**试件制作及养护（3）**

试件成型后应立即用不透水的薄膜覆盖表面。待混凝土临近初凝时用抹刀抹平。试件终凝后注明试件编号、强度等级、成型日期等信息。确保试件标识的唯一性。抗折试件标注成型面。

**试件制作及养护（4）**

**试件制作及养护（2）**

用振动台振实制作试件：将混凝土拌和物一次装入试模，装料时应用抹刀沿各试模壁插捣，并使混凝土拌和物高出试模口，试模应附着或固定在振动台上，振动时试模不得有任何跳动，振动应持续到表面出浆为止，不得过振。刮除试模上口多余的混凝土。

←
采用标准养护的试件在温度为（20±5）℃的环境中静置一昼夜至二昼夜后拆模。

## 试件制作及养护（5）

抗折强度试件通常采用100mm×100mm×400mm的非标准试件，混凝土强度等级≥60MPa采用150mm×150mm×600mm的标准试件。抗折强度试验以三个试件为一组。

## 试件制作及养护（6）

试件拆模后立即放入温度为（20±2）℃，相对湿度为95%以上的标准养护室中养护。试件放在标准养护室内的支架上，彼此间隔10～20mm，并保持潮湿，但不要用水直接冲淋。

**图 3-39　试件制作及养护（1）～（6）**

2. 混凝土抗折强度试验[图3-40（1）～（3）]

## 混凝土抗折强度试验（1）

试件从养护地取出后及时进行试验，擦干试件表面并确认试件尺寸：试验前使用钢直尺测量，试件的承压面的平面度公差不得超过0.0005d（d为边长），试件的相邻面间的夹角应为90°，其公差不得超过0.5°，试件各边长直径和高的尺寸的公差不得超过1mm。

## 混凝土抗折强度试验（2）

按《普通混凝土力学性能试验方法标准》GB/T 50081中图10.0.3装置试件，安装尺寸偏差不得大于1mm。试件的承压面应为试件成型时的侧面。支座及承压面与圆柱的接触面应平稳、均匀。（图为300kN数显式抗折抗压试验机）

## 混凝土抗折强度试验（3）

施加荷载应保持均匀、连续。当混凝土强度等级<C30时，加荷速度取每秒0.02～0.05MPa；当混凝土强度等级≥C30且<C60时，取每秒钟0.05～0.08MPa；当混凝土强度等级≥C60时，取每秒钟0.08～0.10MPa，至试件接近破坏时，应停止调整试验机油门，直至试件破坏，然后记录破坏荷载及试件下边缘断裂位置。

**图 3-40　混凝土抗折强度试验（1）～（3）**

### （三）混凝土抗渗试验

1.试件制作及养护[图3-41（1）~（8）]

**试件制作及养护（1）**

成型前检查试模尺寸，试模内表面应涂一薄层矿物油或其他不与混凝土发生反应的脱模剂。

**试件制作及养护（3）**

试件成型后应立即用不透水的薄膜覆盖表面。

**试件制作及养护（4）**

**试件制作及养护（2）**

用振动台振实制作试件：将混凝土拌和物一次装入试模，装料时应用抹刀沿各试模壁插捣，并使混凝土拌和物高出试模口，试模应附着或固定在振动台上，振动时试模不得有任何跳动，振动应持续到表面出浆为止，不得过振。刮除试模上口多余的混凝土待混凝土临近初凝时用抹刀抹平。

← 采用标准养护的试件在温度为（20±5）℃的环境中静置一昼夜至二昼夜后拆模。

## 试件制作及养护（5）

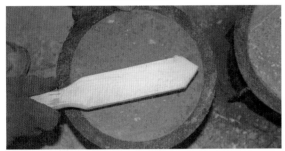

使用塑料模具时在拆模前用钢丝刷刷去试件顶端的水泥浆膜；脱模后刷去试件底端的水泥浆膜。
使用铁模成型脱模前，应先拆掉底模，用钢丝刷刷去试件两端水泥浆膜，最后脱模。

## 试件制作及养护（6）

在试件终凝后注明试件编号、强度等级、抗渗等级、成型日期等信息。确保试件标识的唯一性。

## 试件制作及养护（7）

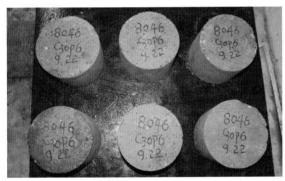

抗水渗透试件通常采用上口直径175mm，下口直径185mm，高度150mm的圆台体试件，六个试件为一组。

## 试件制作及养护（8）

试件拆模后立即放入温度为（20±2）℃，相对湿度为95%以上的标准养护室中养护。试件放在标准养护室内的支架上，并保持潮湿，但不要用水直接冲淋。

**图 3-41　试件制作及养护（1）～（8）**

2. 混凝土抗水渗透试验[图3-42（1）～（4）]

## 抗水渗透试验（1）

标准养护龄期不少于28d（从搅拌加水开始计时），试件养护至试验前一天取出，将石蜡放在电炉之上加热熔化，然后在试件侧面均匀地涂刷。

## 抗水渗透试验（2）

将涂好密封材料的试件压入预热的抗渗试件套筒内（预热温度50℃），直至试件与试件套的底面压平为止，待试件套稍冷却后，即可解除压力。

### 抗水渗透试验（3）

启动水泵把管内加满水，待渗透仪管路系统中的空气完全排净后关闭水泵，然后将密封好的试件安装在渗透仪上，拧紧螺丝。

### 抗水渗透试验（4）

将初始压力调到0.1MPa，将最大压力值调到与抗渗等级相应的值启动水泵开始加压，以后每隔8h增加0.1MPa，（此过程自动控制）并要随时注意观察试件端面渗水情况，当有3个试件端面出现渗水时应停止试验，记下此时的水压值作为试验的压力值，如试验期间有水从试件周围渗出应停止试验重新制作。

**图 3-42　混凝土抗水渗透试验（1）～（4）**

### （四）混凝土抗冻（慢冻法）试验

1. 试件制作及养护[图3-43（1）～（3）]

慢冻法试验试件成型及养护方法与混凝土立方体抗压强度试验相同。

### 试件制作及养护（1）

混凝土抗冻（慢冻法）试件采用100mm×100mm×100mm的立方体试件。抗压强度试验以三个试件为一组。不同抗冻等级的试件组数符合《普通混凝土长期性能和耐久性能试验方法》GB/T 50082中4.1.2规定。

### 试件制作及养护（2）

采用标准养护的试件在温度为（20±5）℃的环境中静置一昼夜至二昼夜后拆模。拆模后立即放入温度为（20±2）℃，相对湿度为95%以上的标准养护室中养护。试件放在标准养护室内的支架上，彼此间隔10～20mm，并保持潮湿，但不要用水直接冲淋。

### 试件制作及养护（3）

如无特殊要求，试件应在28d龄期时进行冻融试验。试验前4d应把冻融试件从养护地点取出，进行外观检查，随后放15～20℃水中浸泡，浸泡时水面至少应高出试件顶面20mm，冻融试件浸泡4天后进行冻融试验。对比试件则应保留在标养护室内，直到完成冻融循环后，与抗冻试件同时试压。

**图 3-43　试件制作及养护（1）～（3）**

2.混凝土抗冻试验[图3-44(1)~(5)]

### 混凝土抗冻试验（1）

确认混凝土试件尺寸:试验前使用钢直尺测量,试件的承压面的平面度公差不得超过0.0005$d$($d$为边长),试件的相邻面间的夹角应为90°,其公差不得超过0.5°,试件各边长直径和高的尺寸的公差不得超过1mm。

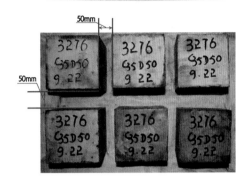

### 混凝土抗冻试验（2）

浸泡完毕后,取出试件,用湿布擦除表面水分、称重、按编号置入框篮后即可放入冷冻箱(室)开始冻融试验;在箱(室)内,框篮应架空,试件与框篮接触处垫垫条,并至少保留20mm的空隙,框篮中各试件之间至少保持50mm的空隙。

### 混凝土抗冻试验（3）

抗冻试验冻结时温度应保持在-15~-20℃。试件在箱内温度到达-20℃时放入,装完试件如温度有较大升高,则以温度重新降至-15℃时起算冻结时间。每次从装完试件到重新降至-15℃所需的时间不应超过2h。冷冻箱(室)内温度均以其中心处温度为准。

### 混凝土抗冻试验（4）

每次循环中试件的冻结时间应按其尺寸而定,对100mm×100mm×100mm及150mm×150mm×150mm试件的冻结时间不小于4h,对200mm×200mm×200mm试件不应小于6h。

在冷冻箱(室)内同时进行不同规格尺寸试件的冻结试验,其冻结时间应按最大尺寸试件计。

### 混凝土抗冻试验（5）

冻结试验结束后,试件即可取出并立即放入能使水温保持在15~20℃的水槽中进行融化。此时,槽中水面应至少高出试件表面20mm,试件在水中融化的时间不应小于4h。融化完毕即为该次冻融循环结束,取出试件送入冷冻箱(室)进行下一次循环试验。

**图3-44 混凝土抗冻试验(1)~(5)**

103

## 三、结果计算与确定

### （一）混凝土立方体抗压试验

（1）混凝土立方体试件抗压强度按下式计算，精确至0.1MPa：

$$f_{cc} = \frac{F}{A} \qquad\qquad (3-28)$$

式中　$f_{cc}$——混凝土立方体试件抗压强度，MPa；

　　$F$——试件破坏荷载，N；

　　$A$——试件承压面积，$mm^2$。

（2）强度值的确定　以三个试件测值的算术平均值作为该组试件的抗压强度值（精确至0.1MPa）；如三个测值中的最大值或最小值中有一个与中间值的差值超过中间值的15%时，则把最大值和最小值一并舍除，取中间值作为该组试件的抗压强度值；如最大值和最小值与中间值的差均超过中间值的15%时，则该组试件的试验结果作废。

（3）非标准尺寸试件强度的换算　混凝土强度等级＜C60时，用非标准尺寸试件测得的强度值均应乘以尺寸换算系数：100mm×100mm×100mm试件换算系数为0.95，200mm×200mm×200mm试件换算系数为1.05；当混凝土强度等级≥C60时，宜采用标准尺寸试件。使用非标准尺寸试件时，尺寸换算系数应由试验确定。

### （二）混凝土立方体抗折试验

（1）若试件下边缘断裂位置处于两个集中荷载作用线之间，则试件的抗折强度 $f_f$ 按下式计算，精确至0.1MPa：

$$f_f = \frac{Fl}{bh^2} \qquad\qquad (3-29)$$

式中　$f_f$——混凝土抗折强度，MPa；

　　$F$——试件破坏荷载，N；

　　$l$——支座间跨度，mm；

　　$h$——试件截面高度，mm；

　　$b$——试件截面宽度，mm。

（2）强度值的确定：抗折强度值的确定同立方体抗压强度值的确定规定。

（3）当试件尺寸为100mm×100mm×400mm非标准尺寸试件时，应乘以尺寸换算系数0.85；当混凝土强度等级≥C60时，宜采用标准尺寸试件。使用非标准尺寸试件时，尺寸换算系数应由试验确定。

### （三）混凝土立方体抗渗试验

（1）当某一次加压后，在8h内6个试件中有2个试件出现渗水时（此时水压力值为 $H$），则此组混凝土抗渗等级为：

$$P = 10H \qquad\qquad (3-30)$$

（2）当某一次加压后，在8h内6个试件中有3个试件出现渗水时（此时水压力值为$H$），则此组混凝土抗渗等级为：

$$P = 10H - 1 \tag{3-31}$$

（3）当加压至规定数字或者设计指标后，在8h内6个试件表面渗水少于2个时（此时水压力值为$H$），则此组混凝土抗渗等级为：

$$P > 10H \tag{3-32}$$

（4）在进行抗渗混凝土配合比设计时，抗渗试验结果应满足下式要求：

$$P_t \geq \frac{P}{10} + 0.2 \tag{3-33}$$

式中 $P_t$——6个试件中不少于4个未出现渗水时的最大水压值，MPa；

$\quad\quad P$——设计要求的抗渗等级值。

### （四）混凝土抗冻（慢冻法）试验

试验结果计算及处理应符合下列规定：

（1）强度损失率应按下式进行计算：

$$\Delta f_c = \frac{f_{c0} - f_{cn}}{f_{c0}} \times 100 \tag{3-34}$$

式中 $\Delta f_c$——$n$次冻融循环后的混凝土抗压强度损失率，%，精确至0.1；

$\quad\quad f_{c0}$——对比用的一组混凝土试件的抗压强度测定值，MPa，精确至0.1MPa；

$\quad\quad f_{cn}$——经$n$次冻融循环后的一组混凝土试件抗压强度测定值，MPa，精确至0.1MPa。

（2）$f_{c0}$和$f_{cn}$应以三个试件抗压强度试验结果的算术平均值作为测定值。当三个试件抗压强度最大值或最小值与中间值之差超过中间值的15%时，应剔除此值，再取其余两值的算术平均值作为测定值；当最大值和最小值均超过中间值的15%时，应取中间值作为测定值。

（3）单个试件的质量损失率应按下式计算：

$$\Delta W_{ni} = \frac{W_{oi} - W_{ni}}{W_{oi}} \times 100 \tag{3-35}$$

式中 $\Delta W_{ni}$——$n$次冻融循环后第$i$个混凝土试件的质量损失率，%，精确至0.01；

$\quad\quad W_{oi}$——冻融循环试验前第$i$个混凝土试件的质量，g；

$\quad\quad W_{ni}$——$n$次冻融循环后第$i$个混凝土试件的质量，g。

（4）一组试件的平均质量损失率应按下式计算：

$$\Delta W_n = \frac{\sum_{i=1}^{3} \Delta W_{ni}}{3} \times 100 \tag{3-36}$$

式中 $\Delta W_n$——$n$次冻融循环后一组混凝土试件的平均质量损失率，%，精确至0.1。

（5）每组试件的平均质量损失率应以三个试件质量损失率试验结果的算术平均值作为测定值。当某个试验结果出现负值，应取0，再取三个试件的算术平均值。当三个值中的最大值或最小值与中间值之差超过1%时，应剔除此值，再取其余两值的算术平均值作为测定值；当最大值和最小值与中间值之差均超过1%时，应取中间值作为测定值。

（6）抗冻标号应以抗压强度损失率不超过25%或者质量损失率不超过5%时的最大冻融循环次数按表3-36确定。

**表 3-36　慢冻法试验所需的试件组数**

| 设计抗冻标号 | D25 | D50 | D100 | D150 | D200 | D250 | D300 | D300以上 |
|---|---|---|---|---|---|---|---|---|
| 检查强度所需冻融次数 | 25 | 50 | 50及100 | 100及150 | 150及200 | 200及250 | 250及300 | 300及设计次数 |
| 鉴定28d强度所需试件组数 | 1 | 1 | 1 | 1 | 1 | 1 | 1 | 1 |
| 冻融试件组数 | 1 | 1 | 2 | 2 | 2 | 2 | 2 | 2 |
| 对比试件组数 | 1 | 1 | 2 | 2 | 2 | 2 | 2 | 2 |
| 总计试件组数 | 3 | 3 | 5 | 5 | 5 | 5 | 5 | 5 |

## 四、混凝土试验控制要点及注意事项

1. 混凝土试配[图3-45（1）～（9）]

### 混凝土试配（1）

混凝土试配应采用强制式搅拌机进行搅拌，并应符合现行行业标准《混凝土试验用搅拌机》JG 244中的规定，搅拌方法宜与施工采用的方法相同。
每盘混凝土试配的最小搅拌量应符合下列规定：
（1）粗骨料最大公称粒径≤31.5mm时，最小搅拌量应为20L。
（2）粗骨料最大公称粒径为40.0mm时，最小搅拌量应为25L。

### 混凝土试配（2）

**砂（进场）检测结果通知单**

| 序 | 供应单位 | 检测项目 | 检测结果/% | 仓号/车号 |
|---|---|---|---|---|
| 1 | 生产含水控制 | 含泥量 | 3.0 | 1-3 |
| 2 | | 含石量 | 10 | |
| 3 | | 含水率 | 8.0 | |

说明：连续生产时每班至少检测2次。进场检测以1车为单位。

试验人签字：　　　　　　　日期：　年　月　日　时

再一次核实试配理论配合比，并按标准规定方法准确的测定砂含水、砂含石及石含水等结果，准确地计算出施工配合比，并把砂（进场）检测结果填入通知单。

## 混凝土试配（3）

试配前应先用砂浆润湿强制式搅拌机。

## 混凝土试配（4）

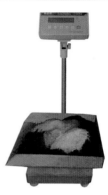

试配过程中，各种原材料计量要准确，称量精度：骨料为±1%；粉料、水及外加剂为±0.5%，参考《普通混凝土拌合物性能试验方法标准》GB/T 50080。

试验制备完毕到开始做各项性能试验不宜超过5min。

试配过程中如要更换外加剂，应先用清水清洗搅拌机后再进行试配。

## 混凝土试配（5）

### 拌和物性能

| 编号 | 拌和物工作性能 | 出机 | | 1h | | 2h | | 表观密度 | | 配合比校正系数/δ | 配合比是否需要调整 | 拌和物中水溶性氯离子含量/% | 凝结时间/（h:min） | |
| | | 坍落度/mm | 扩展度/mm | 坍落度/mm | 扩展度/mm | 坍落度/mm | 扩展度/mm | 计算/kg/m³ | 实测/kg/m³ | | | | 初凝 | 终凝 |
| 2013-001-1 | 良好 | 180 | 480 | 170 | 460 | 160 | 440 | 2400 | 2405 | 1.0021 | 否 | 0.0086 | 8h30min | 10h40min |
| 2013-001-2 | 良好 | 180 | 500 | 175 | 480 | 170 | 470 | 2400 | 2405 | 1.0021 | 否 | 0.0084 | 8h30min | 10h40min |
| 2013-001-3 | 良好 | 185 | 500 | 180 | 480 | 175 | 470 | 2400 | 2410 | 1.0042 | 否 | 0.0089 | 8h20min | 11h00min |
| | | | | | | | | | | | | | | |
| | | | | | | | | | | | | | | |

试配过程中详细记录混凝土工作性及坍落度、表观密度等指标，对追溯混凝土试配过程、分析混凝土出现问题时的原因有重要作用，有利于预拌混凝土生产的质量控制。

## 混凝土试配（6）

| 计算 | | | | | | | | | | | | |
| 调整 | | | | | | | | | | | | |
| | 砂含水：0.3 % | | 砂含石：9.5 % | | 石为干料： | | 混凝土工作性 | | 有，无√ | | | |
| 说明试配情况 | 2013-001-2 1h坍落度200mm，2h坍落度185mm，和易性良好粘聚性良好；初始含气量3.5%，1h含气 | | | | | | | | | | | |
| | 2h后立即人工外掺试配网批减水剂0.2%，混凝土坍落度230mm，粘聚性包裹性良好 | | | | | | | | | | | |
| | 制作2013-001-2 2h后人工外掺减水剂强度验证试件编号：2013-001-2验 | | | | | | | | | | | |

| 抗压强度： | | | | | | | | | | | | | | | | |
| 编号 | | 龄期（3d） | | | | | 龄期（7d） | | | | | 龄期（28d） | | | | |
| | 试压日期 | 荷载（kN） | | | 150mm强度 | 试压日期 | 荷载（kN） | | | 150mm强度 | 试压日期 | 荷载（kN） | | | 150mm强度 |
| | | 1 | 2 | 3 | | | 1 | 2 | 3 | | | 1 | 2 | 3 | |
| 2013-001-2验 | 1.4 | 335 | 343 | 310 | 31.3 | 1.17 | 363 | 363 | 376 | 34.9 | 2.07 | 398 | 404 | 397 | 38.0 |

混凝土试配时，考虑到运输时间，需要对混凝土的初凝时间和坍落度损失进行检测，确保混凝土浇筑前的工作性满足施工要求，对经调整达到设计坍落度时的混凝土进行强度试验，其主要目的是为预拌混凝土的退灰处理提供理论依据。

## 混凝土试配（7）

有特殊要求的混凝土，如大体积混凝土，要有60d或90d龄期的混凝土试件。

## 混凝土试配（8）

试配用材料应保证与进场生产大货材料相符。试配用粉料应储存在防潮密闭容器中或采取防潮措施并明确标识。

## 混凝土试配（9）

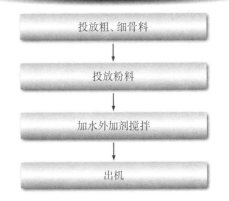

投放粗、细骨料

↓

投放粉料

↓

加水外加剂搅拌

↓

出机

试配过程中的投料顺序应能与生产上的投料顺序吻合。

**图 3-45　混凝土试配（1）~（9）**

2. 混凝土取样、成型、拆模及养护[图3-46（1）~（11）]

## 混凝土取样、成型、拆模及养护（1）

混凝土试配时，考虑到运输时间，需要对混凝土的初凝时间和坍落度损失进行检测，确保混凝土浇筑前的工作性满足施工要求，对经调整达到设计坍落度时的混凝土进行强度试验，其主要目的是为预拌混凝土的退灰处理提供理论依据。

## 混凝土取样、成型、拆模及养护（2）

在试验室成型时，试验室的温度应控制在（20±5）℃。

## 混凝土取样、成型、拆模及养护（3）

成型用试模应在拆模后立即刷一层油或脱模剂，但不要太多，否则成型振捣后，表面反油，影响强度及编号，且应满足《混凝土试模》JG 237-2008中的规定。

## 混凝土取样、成型、拆模及养护(4)

## 混凝土取样、成型、拆模及养护(5)

成型前应搅拌均匀,一次性装满试模,且高出试模表面,不要亏料,在混凝土振实台上进行机械振捣,振动应持续到表面出浆为止,不能过振。

混凝土振实台应符合《混凝土试验用振动台》JG/T 3020中技术要求的规定。

振捣完毕后应刮除试模上口多余的混凝土,立即在试件上贴上相关标识,防止与其他试件混淆。

## 混凝土取样、成型、拆模及养护(6)

## 混凝土取样、成型、拆模及养护(7)

待混凝土临近初凝时用抹刀抹平。

拆模前,应根据试件上的相关标识,用毛笔或白板笔进行试件标识。

## 混凝土取样、成型、拆模及养护(8)

## 混凝土取样、成型、拆模及养护(9)

标识后进行拆模,用塑料试模时,要用气泵,不能随意磕碰进行拆模,防止掉角。

拆模后应立即送入标养室进行标准养护,根据本年度流水号进行顺序排列,且每组试件间隔为10~20mm。

**混凝土取样、成型、拆模及养护（10）**

**混凝土取样、成型、拆模及养护（11）**

标养室的温度应控制在（20±2）℃，相对湿度大于95%，保持标养室养护环境的均匀性。

要定期观察养护室水喷头是否堵塞，定期清理，同时观察养护室死角的试件，是否有水养护。
养护室要保持清洁，定期清理蓄水池及池内的循环水。

**图 3-46　混凝土取样、成型、拆模及养护（1）～（11）**

3. 混凝土试压强度[图3-47（1）～（6）]

**混凝土试压强度（1）**

**混凝土试压强度（2）**

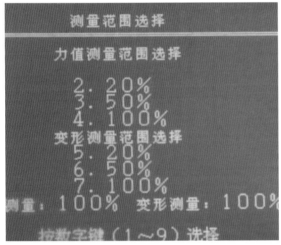

到养护龄期后，应及时从养护室内取出试件进行试验，将试件表面与上下承压板面擦干净。

混凝土压力试验机除应符合《液压式压力试验机》GB/T 3722及《试验机通用技术要求》GB/T 2611中技术要求外，其测量精度为±1%，试件破坏载荷应大于压力机全量程的20%且小于压力试验机全量程的80%，应具有加荷速度指示装置或加荷速度控制装置，并应能均匀、连续地加荷。

**混凝土试压强度（3）**

**混凝土试压强度（4）**

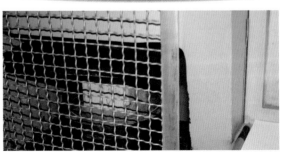

将试件放在压力试验机的下承压板上，试件的承压面与成型时的顶面垂直，试件的中心应与下承压板的中心对准，并调整球座，使接触均衡。

混凝土试压强度试验过程中，必须关闭防护罩，确保操作人员安全。

## 混凝土试压强度（5）

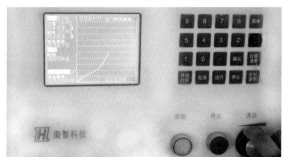

在试压过程中应连续、均匀地加荷，严格按照标准要求的加荷速度进行试验。

## 混凝土试压强度（6）

当试件接近破坏开始急剧变形时，应停止调整试验机油门，直至破坏，并记录破坏荷载。

**图 3-47 混凝土试压强度（1）～（6）**

4. 混凝土抗渗试验[图3-48（1）～（7）]

## 混凝土抗渗试验（1）

试件拆模后，应用钢丝刷刷去两端面的水泥浆膜，然后立即送入养护室进行标准养护。

## 混凝土抗渗试验（2）

龄期宜为28d，应在到达试验龄期的前一天，从养护室取出试件，擦拭干净，待表面晒干后，进行密封。

## 混凝土抗渗试验（3）

密封材料宜用石蜡加松香或水泥加黄油等材料，也可以使用橡胶套等其他有效密封材料。

## 混凝土抗渗试验（4）

混凝土抗渗仪应符合《混凝土抗渗仪》JG/T 249中的规定。

## 混凝土抗渗试验（5）

先启动抗渗仪，开启6个试件下的阀门，使水从6个孔中渗出，水应充满试位坑，在关闭6个阀门，然后才可以把密封好的试件装在抗渗仪上。

## 混凝土抗渗试验（6）

逐级加压法试验水压应从0.1MPa开始，每隔8h增加0.1MPa，随时观察端面渗水情况，当6个试件中有3个试件表面出现渗水时，或加至规定压力（设计抗渗等级）在8h内6个试件中表面渗水试件少于3个时，可停止试验，并记录此时的水压力。

## 混凝土抗渗试验（7）

### 混凝土抗渗试验记录

试验编号 2014-085

| 委托单位 | | | | 委托试验人 | | 委托编号 2014-0063 | 工程名称 | |
|---|---|---|---|---|---|---|---|---|
| 混凝土强度等级 C25 | | | | 要求抗渗等级 p6 | | 水泥品种等级 P.O42.5 | 试件编号 0001 | 成型日期 2014.1.15 龄期 77 d |

| H (mpa) | 加压时间 | | | | 抗渗加压记录 | | 观 察 记 录 |
|---|---|---|---|---|---|---|---|
| | 月 | 日 | 时 | 分 | 值班人 | 备注 | 端面渗水部位观察记录 |
| 0.1 | 4 | 7 | 9 | 30 | | 未渗水 | 1 2 3 4 5 6 |
| 0.2 | | | 17 | 30 | | 未渗水 | 未渗水 未渗水 未渗水 未渗水 未渗水 未渗水 |
| 0.3 | | 3 | 1 | 30 | | 未渗水 | |
| 0.4 | | | 9 | 30 | | 未渗水 | |
| 0.5 | | | 17 | 30 | | | |
| 0.6 | | 4 | 1 | 30 | | 未渗水 | 劈裂缝水高度观察记录 |
| 0.7 | | | | | 稳压8 小时评定 | | 1 2 3 4 5 6 |
| 0.8 | | | | | | | |
| 0.9 | | | | | | | |
| 1.0 | | | | | | | |
| 1.1 | | | | | | | |
| 1.2 | | | | | | | |
| 1.3 | | | | | | | 抗渗等级评定： |
| 1.4 | | | | | | | |
| 1.5 | | | | | | | P=10H-1 |
| 1.6 | | | | | | | P>6（依据GB/T50082-2009《普通混凝土长期性能和耐久性能试验方法标准》，该组试件符合P6的要求） |
| 1.7 | | | | | | | |
| 1.8 | | | | | | | |
| 1.9 | | | | | | | |

审核 ___ 计算 ___ 试验 ___ 试验日期 2014.4.2

逐级加压法，在8h内，6个试件中有2个试件出现渗水时，用P=10H来评定；在8h内，6个试件中有3个试件出现渗水时，用P=10H-1来评定；在8h内，6个试件表面渗水少于2个时，用P>10H来评定。

**图3-48　混凝土抗渗试验（1）～（7）**

# 第四章 生产过程管理

生产过程管理是预拌混凝土产品质量控制最重要的环节。为确保产品质量必须重视混凝土生产过程的质量控制。

生产过程管理主要包含混凝土配合比的传递、开盘、搅拌、出场检验、运输与泵送、现场质量控制、剩退混凝土的处置、服务等。

## 第一节 配合比的传递

配合比的传递一般是由生产任务下达、混凝土配合比通知单签发、混凝土施工配合比调整和混凝土施工配合比录入及核对四个过程完成的。配合比传递流程图,如图4-1所示。

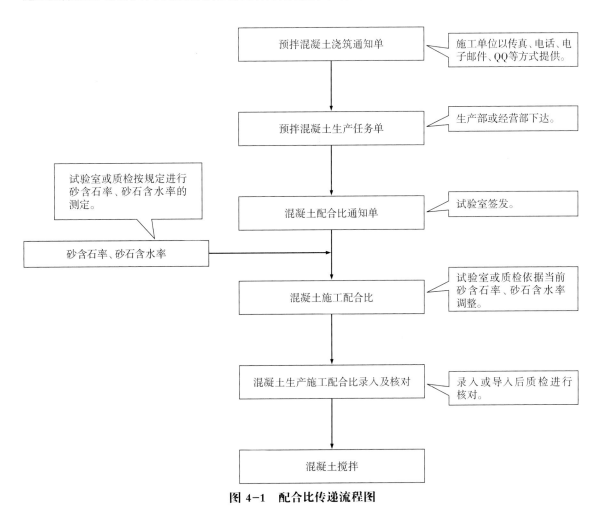

图 4-1  配合比传递流程图

## 一、生产任务单的下达

生产任务单是预拌混凝土生产的主要依据,生产任务单是生产部或经营部以书面或联网系统软件下发,主要依据预拌混凝土的供货合同和预拌混凝土浇筑通知单的内容要求生成的,见表4-1。

### 表 4-1 预拌混凝土生产任务单

编号: 2013-XXXX

| 委托单位 | 北京地铁XX号线XX项目经理部 | | 合同号 | 2013-HTXXX |
|---|---|---|---|---|
| 工程名称 | 地铁XX号线工程 | | | |
| 工程地点 | XX | | | |
| 浇筑部位 | XX轴－XX轴侧墙 | | | |
| 强度等级 | C40 | 抗渗抗冻等级 | P10 | 要求坍落度/mm | 200±20 |
| 其他技术要求 | — | | | |
| 浇筑方式 | 自卸 | 运输距离 | 15km | | |
| 计划方量 (m³) | 120 | 计划开盘时间 | XX月XX日XX时XX分 | | |
| 现场联系人 | 李XX | 现场联系电话 | 12345678 | | |
| 业务联系人 | 张XX | 业务员联系电话 | 136XXXX | | |

备注:

签发人:XXX                                                                    签发时间:XXXX年XX月XX日

注意事项:

(1)施工单位最好以传真、电子邮件、QQ等方式提供预拌混凝土浇筑申请,同时宜提前12h以上申报。

(2)无论施工单位以何种方式申报浇筑混凝土,生产调度一定要进行相关信息的核对,尤其是施工单位、工程名称、施工部位、强度等级、浇筑方式、混凝土到达工地的时间、现场联系人、联系电话等。

## 二、混凝土配合比通知单的签发

试验室根据生产任务单的有关内容和要求,结合原材料的实际情况,依据审批后配合比签发混凝土配合比申请单和通知单,见表4-2。

**表 4-2 混凝土配合比申请单和通知单**

| 混凝土配合比申请单 | | | 委托编号 | | 2013-XXXX |
|---|---|---|---|---|---|
| | | | 编号 | | 2013-XXXXX |
| 工程名称及部位 | 北京地铁XX号线 XX轴-XX轴侧墙 | | | | |
| 委托单位 | 北京地铁XX号线XX项目经理部 | | | 试验委托人 | XXX |
| 设计强度等级 | C40 | 抗渗等级 | P10 | 要求坍落度、扩展度/mm | 200±20 |
| 其他技术要求 | — | | | | |
| 搅拌方法 | 机械 | 浇捣方法 | 机械振捣 | 养护方法 | 标准养护 |
| 水泥品种及强度等级 | P·O 42.5 | 厂别牌号 | XXXX牌 | 试验编号 | 2013-CXXXX |
| 砂产地及种类 | 1. XX中砂 | | | 试验编号 | 2013-SXXXX |
| | 2. — | | | 试验编号 | — |
| 石子产地及种类 | 1. XX碎石 | 最大粒径 | 25mm | 试验编号 | 2013-GXXXX |
| | 2. — | 最大粒径 | — | 试验编号 | — |
| 外加剂名称 | 1. XX聚羧酸高性能减水剂 | | | 试验编号 | 2013-AXXXX |
| | 2. — | | | 试验编号 | |
| | 3. — | | | 试验编号 | |
| 掺和料名称 | 1. I级粉煤灰 | | | 试验编号 | 2013-FXXXX |
| | 2. S95级矿渣粉 | | | 试验编号 | 2013-KXXXX |
| 申请日期 | XX年XX月XX日 | 使用日期 | XX年XX月XX日 | 联系电话 | XXXXXXXX |

| 混凝土配合比通知单 | | | | | 配合比编号 | | 2013-XXXX |
|---|---|---|---|---|---|---|---|
| | | | | | 试配编号 | | 2013-SPXXXX |

| 强度等级 | | C40P10 | | 水胶比 | | 0.37 | | 砂率 | | 41% |
|---|---|---|---|---|---|---|---|---|---|---|

| 材料名称 项目 | 水泥 | 水 | 砂 | | 石 | | 外加剂 | | | 掺和料 | |
|---|---|---|---|---|---|---|---|---|---|---|---|
| | | | 1 | 2 | 1 | 2 | 1 | 2 | 3 | 1 | 2 |
| 每m³用量/(kg/m³) | 302 | 161 | 718 | — | 1034 | — | 10.5 | — | — | 91 | 65 |
| 每盘用量/kg | — | — | — | — | — | — | — | — | — | — | — |
| 混凝土碱含量/(kg/m³) | 2.12 | | | | | | | | | | |
| | 注:此栏只有遇Ⅱ类工程(按北京市工程建设标准DBJ 01-95-2005分类)时填写 | | | | | | | | | | |

说明:本配合比所用材料均为干材料,使用单位应根据材料含水率情况随时调整

| 批准 | 审核 | 试验 |
|---|---|---|
| XXX | XXX | XXX |

| 报告日期 | XXXX年XX月XX日 |
|---|---|

注意事项：

（1）签发的配合比要有相应的试配依据。

（2）表格中的"每盘用量"：根据各站搅拌机组的实际情况填写，如2m³/盘，但如果搅拌机组可根据每车要装载混凝土量自动分配每盘生产量，则此处可不填写或填写1m³的用量。

## 三、混凝土施工配合比的调整

试验室或质检依据当前砂含石率、砂石含水率调整混凝土施工配合比。生产过程中砂含石率、砂石含水率的测定，每天不少于2次，发现砂含石率、砂石含水率显著变化时，随时进行抽测，见表4-3。

**表4-3 砂石含水率、砂含石率检测记录**

| 日期 | 时间 | 石子 | | | | 砂子 | | | | | | 测试人 |
|---|---|---|---|---|---|---|---|---|---|---|---|---|
| | | 分类次数 | 烘干前重/g | 烘干后重/g | 含水率/% | 分类次数 | 烘干前重/g | 烘干后重/g | 5mm筛余重/g | 含水率/% | 含石率/% | |
| ××月××日 | 8：04 | 1 | 1000.0 | 1000.0 | 0.0 | 1 | 500.0 | 471.5 | 42.8 | 6.0 | 10.0 | XXX |
| | 16：02 | 2 | 1000.0 | 998.5 | 0.2 | 2 | 500.2 | 467.2 | 38.7 | 7.1 | 9.0 | XXX |
| ××月××日 | 8：02 | 1 | 1000.5 | 1000.0 | 0.0 | 1 | 500.1 | 469.5 | 36.3 | 6.5 | 8.4 | XXX |
| | 16：10 | 2 | 1000.0 | 999.9 | 0.0 | 2 | 500.4 | 474.2 | 39.8 | 5.5 | 9.2 | XXX |
| | | | | | | | | | | | | |
| | | | | | | | | | | | | |
| | | | | | | | | | | | | |
| | | | | | | | | | | | | |
| | | | | | | | | | | | | |
| | | | | | | | | | | | | |
| | | | | | | | | | | | | |

注意事项：

（1）砂、石含水率=（烘干前重−烘干后重）/烘干后重×100%。

（2）砂含石率=5mm筛余重/（烘干后重−5mm筛余重）×100%。

（3）5mm筛余重指烘干后再过5mm的筛子的筛余质量。

（4）分类/次数指：如若是一种砂或石则表示次数，或若是两种砂石则表示为砂1、砂2、石1、石2等。

## 四、混凝土施工配合比录入与核对

混凝土施工配合比的录入最常见的是以下两种方式。

第一种：直接将计算好的混凝土施工配合比录入，如图4-2所示。

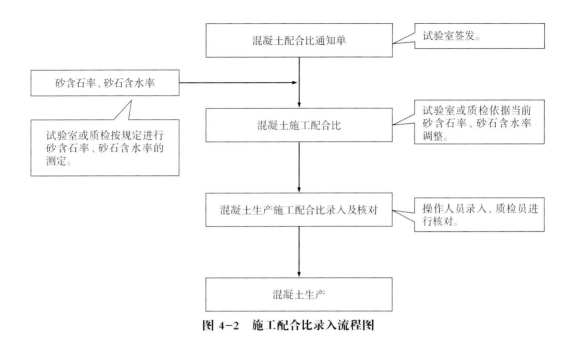

**图 4-2  施工配合比录入流程图**

第二种：将混凝土配合比直接录入或导入，计算机操作系统依据每天实时的含石率、砂石含水率自行计算混凝土施工配合比，如图4-3所示。

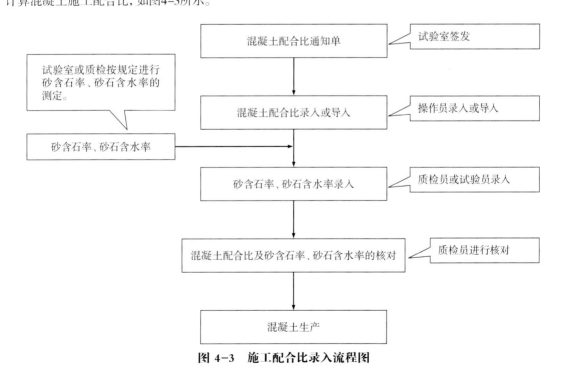

**图 4-3  施工配合比录入流程图**

操作人员要根据配合比要求的原材料选择对应的仓号，并仔细核对，确保无误。质检员必须对整个流程进行确认，应核对原材料的数量、品种、规格等信息，保证生产所用的原材料符合标准和配合比通知单上的要求，一切无误后方可进行混凝土的搅拌生产，避免人为操作失误造成质量事故。

# 第二节 混凝土的开盘

混凝土的开盘鉴定过程是混凝土生产最重要的质量控制过程。

## 一、开盘前准备

（1）搅拌站要做好生产设备的日常检查、维修保养工作，保证计量、传感、电控、气压等系统稳定，检查无误后启动搅拌机进行空运转操作，确保搅拌机正常工作。

（2）开盘前做好配料系统的检查，重点是各计量斗的工作情况，防止计量斗的卡、顶现象，检查传感器的灵敏度和计量器具的零点复位等，确保计量系统工作正常。如图4-4、图4-5和图4-6所示。

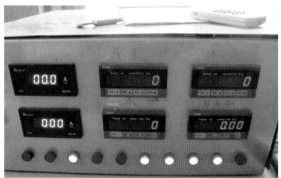

开盘前应将各秤斗排空后清零

**图 4-4　机组计量秤零点复位**

控制系统配料数据界面

**图 4-5　电脑配料界面**

称量秤对应表盘计量界面

**图 4-6　表盘计量数据界面**

（3）及时清理搅拌机内的混凝土结块，保证搅拌机内部的清洁，如图4-7、图4-8所示。

**搅拌机内部清理前的图示**

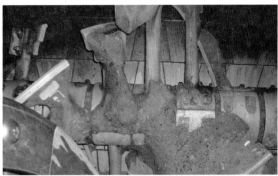

图 4-7　搅拌机内部清理前的图示

**搅拌机内部清理后的图示**

图 4-8　搅拌机内部清理后的图示

（4）铲车司机依据原材料使用要求将生产用的骨料铲取到相对应的料仓中，骨料要离地铲取，如图4-9所示。

**铲车离地铲取图示**

铲取骨料时离地
不宜小于20cm

图 4-9　铲车离地铲取骨料图示

（5）罐车司机装载混凝土前反转罐体，将罐内冲洗的积水反转出来，以防积水影响混凝土拌和物的质量。

（6）必要时，试验室可在生产前使用现场的原材料进行配合比的试拌，对混凝土拌和物的各项性能再次检验，如混凝土的坍落度、含气量等。

## 二、开盘

（1）首次使用的混凝土配合比应进行开盘鉴定，记录见表4-4，其性能应满足设计要求，并至少留置一组标准养护28d试件，作为验证配合比的依据。

表 4-4　混凝土开盘鉴定

| 混凝土开盘鉴定 | | | | | | | | 编号 | | |
|---|---|---|---|---|---|---|---|---|---|---|
| 工程名称及部位 | | 北京地铁XX号线 XX轴 –XX轴 侧墙 | | | | | | 鉴定编号 | | 2013-XXXX |
| 施工单位 | | 北京地铁XX号线XX项目经理部 | | | | | | 搅拌方式 | | 机械 |
| 强度等级 | | C40P10 | | | | | | 要求坍落度/mm | | （200±20） |
| 配合比编号 | | 2013-XXXX | | | | | | 试配单位 | | XXXXXXXX |
| 水胶比 | | 0.37 | | | | | | 砂率 | | 41% |
| 材料名称 | 水泥 | 砂1 | 砂2 | 石1 | 石2 | 粉煤灰 | 矿粉 | 水 | 外加剂1 | 外加剂2 | 其他 |
| 每m³用料/kg | 302 | 718 | — | 1034 | | 91 | 64 | 161 | 10.5 | | |
| 调整后每盘用料 /（kg/m³） | 砂1含水率 | | 5.5% | | 砂2含水率 | | — | | 石1含水率 | | 0.0% |
| | 砂1含石率 | | 12.0% | | 砂2含石率 | | — | | 石2含水率 | | |
| | 302 | 848 | — | 948 | | 91 | 64 | 117 | 10.5 | | — |
| 鉴定结果 | 鉴定项目 | 混凝土拌和物性能 | | | | 混凝土试块抗压强度 /MPa | | | 原材料与申请单是否相符 | | |
| | | 坍落度/mm | 保水性 | | 粘聚性 | | | | | | |
| | 设计 | 200±20 | 良好 | | 良好 | | — | | | 相符 | |
| | 实测 | 200 | 良好 | | 良好 | | | | | | |

鉴定结论：

符合要求，同意开盘。以下空白。

均要手填。

| 建设（监理）单位 | 混凝土试配单位负责人 | 施工单位技术负责人 | 搅拌机组负责人 |
|---|---|---|---|
| | XX | XX | XX |
| 鉴定日期 | XXXX年XX月XX日 | | |

注意事项：
1. 混凝土拌和物性能中（坍落度、保水性、粘聚性）实测必须手填，不能直接打印。
2. 原材料与申请单是否相符项目不能直接打印，必须手填。
3. 鉴定结论不能直接打印，必须手填，可以填写"符合要求，同意开盘。以下空白"等。

（2）第一盘混凝土生产完毕后，质检员应进行混凝土拌和物性能检测，判定混凝土拌和物是否满足出厂要求。要如实填写实测数据，禁止直接打印。

（3）开盘鉴定结果不符合要求时，要查找原因并重新开盘。

# 第三节 混凝土的搅拌

混凝土的搅拌是将经过计量设备计量的各种原材料按一定顺序投入到搅拌机内，通过搅拌机械一定时间的拌制，生产出混凝土拌和物的过程。

（1）在试验员或质检员对混凝土施工配合比和使用原材料进行确认之后，方可进入计量、上料、搅拌程序。

（2）在混凝土搅拌生产流程中，搅拌机操作人员监督每一盘的原材料实际用量及计量动态变化情况。

（3）将原材料情况、生产计量情况、调整情况等记录在预拌混凝土生产质量检查记录表格中，见表4-5。

**表 4-5　预拌混凝土生产质量检查记录**

日期：XXXX年XX月XX日　　　　天气：晴　　　　交接班时间：8:02　　　　质检员：XXX

| 原材料质量情况 | 砂含水率7.2%　含石率12%　石含水率0.2% |
|---|---|
| 开盘情况 | 本班开盘共18次 |
| 混凝土生产计量 | 原材料动态计量误差均符合范围之内 |
| 配合比调整 | 无 |
| 出厂混凝土质量 | 本班生产产品和易性良好，强度试验留置齐全 |
| 其他 | 无 |

（4）质检员和搅拌机操作人员要密切注意各种原材料的计量偏差情况，确保计量误差符合规范中规定的要求，依据《预拌混凝土》GB 14902标准，各原材料的计量允许偏差不应大于表4-6规定的范围，且每个班次应至少检查一次。

**表 4-6　各原材料的计量允许偏差**

| 原材料品种 | 水泥 | 骨料 | 水 | 外加剂 | 掺和料 |
|---|---|---|---|---|---|
| 每盘计量允许偏差% | ±2 | ±3 | ±1 | ±1 | ±2 |
| 累计计量允许偏差% | ±1 | ±2 | ±1 | ±1 | ±1 |

注：累计计量允许偏差是指每一运输车中各盘混凝土的每种材料计量和的偏差。

（5）预拌混凝土生产时的搅拌时间应按照生产工艺要求及搅拌设备说明书的规定执行,生产掺有引气剂、膨胀剂、聚羧酸系外加剂或纤维等材料的混凝土以及C60（含）以上强度等级的混凝土时,应适当延长搅拌时间。

（6）搅拌必须保证预拌混凝土拌和物质量均匀,同一盘混凝土的搅拌匀质性应符合《混凝土质量控制标准》GB 50164的规定。

① 混凝土中砂浆密度两次测值的相对误差不应大于0.8%。

② 混凝土稠度两次测值的差值不应大于表4-7规定的混凝土拌和物稠度允许偏差的绝对值。

**表 4-7　混凝土拌和物稠度允许偏差**

| 拌和物性能 | | 允许偏差 | | |
|---|---|---|---|---|
| 坍落度/mm | 设计值 | ≤40 | 50~90 | ≥100 |
| | 允许偏差 | ±10 | ±20 | ±30 |
| 维勃稠度/S | 设计值 | ≥11 | 10~6 | ≤5 |
| | 允许偏差 | ±3 | ±2 | ±1 |
| 扩展度/mm | 设计值 | ≥350 | | |
| | 允许偏差 | ±30 | | |

（7）混凝土生产计量数据必须具备实时储存、查询功能,以作为追溯混凝土质量的重要依据。

# 第四节　混凝土配合比调整

混凝土原材料的变化及不同工程对混凝土性能要求不同等决定了施工配合比并不是一成不变的,而需根据各种因素进行调整,使混凝土的性能指标符合要求。

（1）混凝土配合比的调整必须要有授权,授权要有试配依据,质检员必须在授权范围内进行混凝土施工配合比的调整。

（2）授权必须是企业技术负责人以书面形式进行（见表4-8,混凝土配合比调整授权书）,授权书中对配合比调整的范围和权限必须进行严格说明,并明确配合比调整的起止时间,技术负责人与质检员必须在授权书中签字。

（3）试验室必须做好混凝土配合比调整的试配工作,满足授权书中配合比调整的范围。

（4）在混凝土搅拌过程中,搅拌机操作人员必须严格执行混凝土施工配合比,目测混凝土的坍落度等是否符合要求。

**表 4-8 混凝土配合比调整授权书**

# 混凝土配合比调整授权书

文号: XXXX-02

XXXX年XX月XX日, 试验室选取C30\C40\C50强度等级的三个典型配比, 利用同品种、同型号、同厂家的原材料, 进行不同配合比混凝土性能对比试验。根据试配试验结果, 在各强度等级混凝土原基准配合比基础上, 外加剂、水和砂石用量分别在以下范围内调整: 外加剂(掺量) ±XX%、砂石(砂率) ±XX%, 混凝土强度、抗渗等指标均符合原相应等级的质量性能要求(试配编号分别为: XXXX)。由此并基于混凝土配比-强度关系规律和产品质量控制特点, 可以类推出各强度等级混凝土配合比可以在上述范围调整。

为此, 在预拌混凝土生产流程中, 为保证出机混凝土拌和物质量更好满足要求, 现授权质检员可以对各强度等级混凝土的基准配合比进行适当调整, 但不得超出下列最大规定限值。

| 原材料名称 | 外加剂(掺量)/% | 砂石(砂率)/% |
|---|---|---|
| 允许调整范围 | ±XX | ±XX |

混凝土配合比调整授权书适用于原材料质量发生较小的变化和普通混凝土的生产。原材料品种、型号、厂家和混凝土搅拌工艺发生变化, 或其他特种混凝土的生产, 则必须重新进行配合比设计, 按照新设计的配合比进行生产。

(企业可依据自身情况定期进行统计分析, 根据分析结果, 对混凝土配合比调整进行重新授权)

被授权人: 李XX 张XX 石XX 李XX(本人签字)

授权人: 张XX (本人签字)

授权时间: XXXX年XX月XX日

XXX公司
(加盖公章)

（5）质检员应按要求测定混凝土的坍落度，随时注意原材料的波动及出机混凝土的性能，当出机混凝土拌和物的性能不能满足要求时，质检员可根据混凝土的状况，在授权范围内对施工配合比进行调整，并填写混凝土施工配合比调整记录，见表4-9。

**表 4-9　预拌混凝土施工配合比调整记录**

| 序号 | 日期 | 调整时间 | 配合比编号 | 调整原因 | 配合比调整量/（kg/m³） | | | | | | | | | 调整人 | 搅拌操作员 | 备注 |
| | | | | | 水泥 | 水 | 砂 | | 石 | | 矿粉 | 粉煤灰 | 外加剂 | | | |
| | | | | | | | 1 | 2 | 1 | 2 | | | | | | |
| 01 | XXXX年XX月XX日 | 10;30 | 2013-XXXX | 混凝土坍落度比设计要求小20mm | — | — | — | — | — | — | — | — | +0.4 | XX | XX | — |
| | | | | | | | | | | | | | | | | |
| | | | | | | | | | | | | | | | | |
| | | | | | | | | | | | | | | | | |
| | | | | | | | | | | | | | | | | |
| | | | | | | | | | | | | | | | | |

# 第五节　配料秤的自检

准确的计量是混凝土施工配合比实施的关键，所以必须做好配料秤计量系统的自检工作。

（1）预拌混凝土企业应定期对搅拌机配料秤进行检定或校准，每月应至少对搅拌机配料秤自检一次，同时填写配料秤静态计量校验记录（表4-10），并由设备管理人员进行归档保存。其原则应该按照以下要求进行自校：

① 每月至少进行一次配料秤的校验。

② 校验加载最大值不能低于额定荷载的80%或者生产所需最大称量。

③ 检验日期间隔时间最好在一月以内，不要超过一个月。

④ 搅拌机配料秤静态计量，允许偏差要求为±1%以内。

（2）搅拌机配料秤首次使用、停用超过一个月、出现异常情况、维修后再次使用、生产浇筑大方量混凝土前应进行校准，保证配料秤的精确度，从而有效保证混凝土产品的质量。

（3）生产过程中可以采用对罐车过磅方式验证混凝土的容重是否满足设计要求、方量是否超方或亏方等，填写搅拌机组生产方量误差抽查记录（表4-11），同时打印生产计量数据进行比对（表4-12，混凝土生产上料记录），再次验证生产计量的准确性；出现异常的情况立即暂停机组生产，查找原因，及时处理，并做好相应的记录。

搅拌机号：1#

校核人：李XX 张XX 张XX

**表4-10 配料称静态计量校验记录**

校验日期：XXXX年XX月XX日

| 料称名称 | 额定荷载/kg | 序号 | 加、减载记录 | | | | | | | | | | | 结论 |
|---|---|---|---|---|---|---|---|---|---|---|---|---|---|---|
| | | | 1 | 2 | 3 | 4 | 5 | 6 | 7 | 8 | 9 | 10 | 11 | |
| | | 荷载百分比/% | 0 | 20 | 40 | 60 | 80 | 100 | 80 | 60 | 40 | 20 | 0 | |
| 水泥秤 | 2000 | 砝码重/kg | 0 | 400 | 800 | 1200 | 1600 | — | 1600 | 1200 | 800 | 400 | 0 | 合格 |
| | | 称重/kg | 0 | 400 | 805 | 1200 | 1600 | — | 1600 | 1200 | 800 | 400 | 0 | |
| | | 误差/% | 0 | 0 | 0.62 | 0 | 0 | — | 0 | 0 | 0 | 0 | 0 | |
| 掺和料秤 | 700 | 砝码重/kg | 0 | 140 | 280 | 420 | 560 | — | 560 | 420 | 280 | 140 | 0 | 合格 |
| | | 称重/kg | 0 | 140 | 280 | 422 | 560 | — | 564 | 420 | 280 | 140 | 0 | |
| | | 误差/% | 0 | 0 | 0 | 0.55 | 0 | — | 0.71 | 0 | 0 | 0 | 0 | |
| 砂秤1 | 5000 | 砝码重/kg | 0 | 1000 | 2000 | 3000 | 4000 | — | 4000 | 3000 | 2000 | 1000 | 0 | 合格 |
| | | 称重/kg | 0 | 1000 | 2000 | 3000 | 4032 | — | 4000 | 3000 | 2000 | 1004 | 0 | |
| | | 误差/% | 0 | 0 | 0 | 0 | 0.80 | — | 0 | 0 | 0 | 0.40 | 0 | |
| 砂秤2 | — | 砝码重/kg | — | — | — | — | — | — | — | — | — | — | — | — |
| | | 称重/kg | — | — | — | — | — | — | — | — | — | — | — | |
| | | 误差/% | — | — | — | — | — | — | — | — | — | — | — | |
| 石秤1 | 5000 | 砝码重/kg | 0 | 1000 | 2000 | 3000 | 4000 | — | 4000 | 3000 | 2000 | 1000 | 0 | 合格 |
| | | 称重/kg | 0 | 1000 | 2016 | 3000 | 4000 | — | 4000 | 3016 | 2000 | 1000 | 0 | |
| | | 误差/% | 0 | 0 | 0.80 | 0 | 0 | — | 0 | 0.80 | 0 | 0 | 0 | |
| 石秤2 | — | 砝码重/kg | — | — | — | — | — | — | — | — | — | — | — | — |
| | | 称重/kg | — | — | — | — | — | — | — | — | — | — | — | |
| | | 误差/% | — | — | — | — | — | — | — | — | — | — | — | |
| 水秤 | 1200 | 砝码重/kg | 0 | 240 | 480 | 720 | 960 | — | 960 | 720 | 480 | 240 | 0 | 合格 |
| | | 称重/kg | 0 | 240 | 480 | 726 | 960 | — | 967 | 720 | 480 | 240 | 0 | |
| | | 误差/% | 0 | 0 | 0 | 0.83 | 0 | — | 0.72 | 0 | 0 | 0 | 0 | |
| 外加剂秤 | 300 | 砝码重/kg | 0 | 60 | 120 | 180 | 240 | — | 240 | 180 | 120 | 60 | 0 | 合格 |
| | | 称重/kg | 0 | 60 | 120 | 180 | 240 | — | 242 | 180 | 120 | 60 | 0 | |
| | | 误差/% | 0 | 0 | 0 | 0 | 0 | — | 0.83 | 0 | 0 | 0 | 0 | |

注意事项：1. 每月至少进行一次料秤的校验。
2. 校验加载最大值不能低于额定荷载的80%或者生产所需最大称量。

125

表 4-11　搅拌机组生产方量误差抽查记录

| 抽查日期 | 车号 | 车辆自重/t | 机组编号 | 强度等级 | 生产方量/m³ | 装车总重/t | 混凝土净重/t | 配合比理论表观密度/(kg/m³) | 折算方量/m³ | 方量误差/m³ | 方量误差率/% | 重量误差/(kg/m³) | 抽查人 | 备注 |
|---|---|---|---|---|---|---|---|---|---|---|---|---|---|---|
| XX月XX日 | 66 | 16.7 | 1# | C35 | 13 | 47.8 | 31.1 | 2390 | 13.01 | +0.01 | +0.08 | +2.3 | XX | |
| XX月XX日 | 32 | 21.5 | 2# | C30 | 17 | 61.9 | 40.4 | 2390 | 16.90 | -0.10 | -0.59 | -13.5 | XX | |
| XX月XX日 | 23 | 20.1 | 1# | C50 | 15 | 55.9 | 35.8 | 2400 | 14.92 | -0.08 | -0.53 | -13.3 | XX | |
| XX月XX日 | 35 | 20.0 | 2# | C30 | 15 | 56.2 | 36.2 | 2390 | 15.15 | +0.15 | +0.98 | +23.3 | XX | |
| | | | | | | | | | | | | | | |
| | | | | | | | | | | | | | | |
| | | | | | | | | | | | | | | |
| | | | | | | | | | | | | | | |
| | | | | | | | | | | | | | | |
| | | | | | | | | | | | | | | |
| | | | | | | | | | | | | | | |

注意事项: 1. 由值班调度负责抽查每台机组的生产方量误差情况。
2. 每周、每台机组抽查不少于3车,并做如实记录。

表 4-12 混凝土生产配料记录

| 出货时间 | 2014-XX-XX | | 工程名称 | XXXXXXXXXX | | 施工部位 | XXXXXXXXX | |
|---|---|---|---|---|---|---|---|---|
| 搅拌站 | 3#搅拌站 | | 施工单位 | XXXXXXXXXX | | 强度等级 | C30 | |
| 配比编号 | 2014-XXXXX | | 坍落度 | 160~180mm | | 车号 | 08 | |

| 单位/kg | 水泥1 | 水泥2 | 水泥3 | 粉煤灰 | 矿粉 | 掺和料3 | 外加剂 | 添加剂2 | 添加剂3 | 碎石 | 废石 | 1#砂 | 2#砂 | 水 |
|---|---|---|---|---|---|---|---|---|---|---|---|---|---|---|
| 盘号:1 盘方量:3.00 | | | | | | | | | | | | | | |
| 配方量 | 0.0 | 843 | 0.0 | 174 | 138 | 0.0 | 25.5 | 0.0 | 0.0 | 2874 | 0.0 | 2661 | 0.0 | 396.0 |
| 实际量 | 0.0 | 844.9 | 0.0 | 175.2 | 138.9 | 0.0 | 25.33 | 0.00 | 0.0 | 2901 | 0 | 2620 | 0 | 394.9 |
| 误差率 | 0.00% | 0.2% | 0.00% | 0.7% | 0.7% | 0.0% | -0.7% | 0.0% | 0.0% | 0.9% | 0.0% | -1.5% | 0.0% | -0.3% |
| 盘号:2 盘方量:3.00 | | | | | | | | | | | | | | |
| 配方量 | 0.0 | 843 | 0.0 | 174 | 138 | 0.0 | 25.5 | 0.0 | 0.0 | 2874 | 0.0 | 2661 | 0.0 | 396.0 |
| 实际量 | 0.0 | 843.5 | 0.0 | 174.4 | 138.8 | 0.0 | 25.59 | 0.00 | 0.0 | 2905 | 0 | 2664 | 0 | 395.3 |
| 误差率 | 0.00% | 0.1% | 0.00% | 0.2% | 0.6% | 0.0% | 0.4% | 0.0% | 0.0% | 1.1% | 0.0% | 0.1% | 0.0% | -0.2% |
| 盘号:3 盘方量:3.00 | | | | | | | | | | | | | | |
| 配方量 | 0.0 | 843 | 0.0 | 174 | 138 | 0.0 | 25.5 | 0.0 | 0.0 | 2874 | 0.0 | 2661 | 0.0 | 396.0 |
| 实际量 | 0.0 | 840.9 | 0.0 | 172.7 | 138.1 | 0.0 | 25.63 | 0.00 | 0.0 | 2907 | 0 | 2668 | 0 | 393.3 |
| 误差率 | 0.00% | -0.2% | 0.00% | -0.7% | 0.1% | 0.0% | 0.5% | 0.0% | 0.0% | 1.1% | 0.0% | 0.3% | 0.0% | -0.7% |
| 盘号:4 盘方量:3.00 | | | | | | | | | | | | | | |
| 配方量 | 0.0 | 843 | 0.0 | 174 | 138 | 0.0 | 25.5 | 0.0 | 0.0 | 2874 | 0.0 | 2661 | 0.0 | 396.0 |
| 实际量 | 0.0 | 847.1 | 0.0 | 174.1 | 138.2 | 0.0 | 25.54 | 0.00 | 0.0 | 2885 | 0 | 2703 | 0 | 397.3 |
| 误差率 | 0.00% | 0.5% | 0.00% | 0.1% | 0.1% | 0.0% | 0.2% | 0.0% | 0.0% | 0.4% | 0.0% | 1.6% | 0.0% | 0.3% |
| 盘号:5 盘方量:3.00 | | | | | | | | | | | | | | |
| 配方量 | 0.0 | 843 | 0.0 | 174 | 138 | 0.0 | 25.5 | 0.0 | 0.0 | 2874 | 0.0 | 2661 | 0.0 | 396.0 |
| 实际量 | 0.0 | 839.3 | 0.0 | 174.8 | 138.8 | 0.0 | 25.66 | 0.00 | 0.0 | 2846 | 0 | 2642 | 0 | 396.5 |
| 误差率 | 0.00% | -0.4% | 0.00% | 0.5% | 0.6% | 0.0% | 0.6% | 0.0% | 0.0% | -1.0% | 0.0% | -0.7% | 0.0% | 0.1% |
| 本车方量:15 本车总计: | | | | | | | | | | | | | | |
| 配方量 | 0.0 | 4215 | 0.0 | 870 | 690 | 0.0 | 127.5 | 0.0 | 0.0 | 14370 | 0.0 | 13305 | 0 | 1980 |
| 实际量 | 0.0 | 4215.7 | 0.0 | 871.2 | 692.8 | 0.0 | 127.75 | 0 | 0 | 14444 | 0 | 13297 | 0 | 1977.3 |
| 误差率 | 0.00% | 0.02% | 0.00% | 0.14% | 0.41% | 0.0% | 0.20% | 0.0% | 0.00% | 0.51% | 0.00% | -0.06% | 0.00% | -0.14% |

# 第六节 混凝土出厂检验

混凝土企业要保证预拌混凝土出厂后具有良好的工作性能,同时要满足混凝土设计强度等级及耐久性要求,所以要对出厂前的混凝土进行质量检验。混凝土出厂检验流程,如图4-10所示。

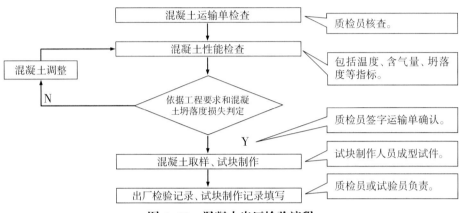

图 4-10　混凝土出厂检验流程

(1)出厂前质检员必须检查混凝土运输单,防止混凝土产品出现交货错误,避免质量事故。

(2)预拌混凝土出厂前应逐车检查混凝土拌和物的和易性,当和易性不满足要求时可调整为同等级及以下等级混凝土,并至少留置一组混凝土试件。当预拌混凝土有抗冻要求时,应检测混凝土拌和物的含气量。其含气量应符合设计要求或《混凝土结构耐久性设计规范》GB/T 50476的规定。

(3)质检员或试验员要详细填写预拌混凝土出厂质量检验记录,记录本班次所有与混凝土质量相关的情况,见表4-13。

(4)混凝土强度检验的取样频率应符合《预拌混凝土》GB/T 14902的规定。

(5)预拌混凝土生产时可根据需要制作不同龄期的试件,作为质量控制的依据(具体操作过程及要求见第三章混凝土抗压试验),制作的试件应标明试件编号、强度等级和制作日期等,而且要求混凝土试件必须按年度连续编号(图4-11和图4-12),同时填写预拌混凝土试块制作记录(表4-14),记录内容应包含试件编号、混凝土等级、坍落度实测值、工程名称、任务量、制作日期、制作人、龄期等。

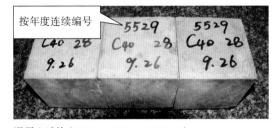

混凝土试块(100mm×100mm×100mm)

图 4-11　混凝土抗压强度试块

混凝土抗渗试块

图 4-12　混凝土抗渗试块

表 4-13 预拌混凝土出厂质量检验记录

日期：XX年XX月XX日

交接班时间：8：00

质检员：张XX

| 任务单号 | 工程名称及部位 | | 强度等级 | 车号 | 出厂时间 | 坍落度（扩展度）/mm | | 混凝土温度/℃ | 含气量/% | 表观密度/（kg/m³） | 备注 |
|---|---|---|---|---|---|---|---|---|---|---|---|
| 2013-XXXX | 地铁XX号线工程 | 侧墙 | C40P10 | 5 | 8：25 | 210 | 520/500 | 15.2 | 3.6 | 2400 | |
| 2013-XXXX | 北京国际 | 地面 | C25 | 8 | 8：36 | 210 | 480/500 | 14.6 | — | — | |
| | | | | | | | | | | | |
| | | | | | | | | | | | |
| | | | | | | | | | | | |
| | | | | | | | | | | | |
| | | | | | | | | | | | |
| | | | | | | | | | | | |
| | | | | | | | | | | | |
| | | | | | | | | | | | |
| | | | | | | | | | | | |

表 4-14 预拌混凝土试块制作记录

| 试块编号 | 日期时间 | 工程名称及部位 | 配合比编号 | 强度等级 | 计划生产量/m³ | 累计生产量/m³ | 实测坍落度(扩展度)/mm | 标养混凝土试块 | | 机组号 | 抗渗编号 | 制作人 | 备注 |
|---|---|---|---|---|---|---|---|---|---|---|---|---|---|
| | | | | | | | | 28d | 7d | | | | |
| 2013-06093 | XX月XX日 XX时XX分 | XXXX，墙体 | 2013-05160 | C30 | 156 | 35 | 200 480/500 | √ | | 2 | | 李XXX | |
| 2013-06094 | XX月XX日 XX时XX分 | XXXX，侧墙 | 2013-05161 | C40P8 | 114 | 24 | 210 490/500 | √ | √ | 2 | 2013-204 | 李XXX | |
| 2013-06095 | XX月XX日 XX时XX分 | XXXX，顶板 | 2013-05162 | C25 | 18 | 12 | 200 470/490 | √ | | 1 | | 李XXX | |
| | | | | | | | | | | | | | |
| | | | | | | | | | | | | | |
| | | | | | | | | | | | | | |
| | | | | | | | | | | | | | |
| | | | | | | | | | | | | | |
| | | | | | | | | | | | | | |
| | | | | | | | | | | | | | |
| | | | | | | | | | | | | | |
| | | | | | | | | | | | | | |
| | | | | | | | | | | | | | |

注意事项：1. 默认试件尺寸为100mm×100mm×100mm，抗压试验龄期为标准养护条件下的28d龄期。
2. 如果试件尺寸和标养龄期有变化，或置置抗折、抗冻等试件，应在备注栏中注明。

（6）当混凝土供应合同中，对混凝土的入模温度有要求或混凝土冬季施工时，混凝土出厂检验还要检测混凝土的出机温度以及混凝土原材料的温度，并填写相对应的原材料、混凝土测温记录，见表4-15。

**表 4-15 原材料、混凝土测温记录**

| 日期 | 时间 | 水泥/℃ | 矿粉/℃ | 粉煤灰/℃ | 砂1/℃ | 砂2/℃ | 石1/℃ | 石2/℃ | 外加剂/℃ | 水/℃ | 大气/℃ | 混凝土/℃ | 测量人 |
|---|---|---|---|---|---|---|---|---|---|---|---|---|---|
| 11.27 | 8:00 | 40.5 | 41.2 | 31.7 | 10.2 | — | 8.8 | — | 9.2 | 7.5 | 15.4 | 18.9 | 李XX |
| | 14:00 | 41.2 | 42.5 | 30.3 | 11.1 | — | 11.2 | — | 12.2 | 8.3 | 14.2 | 19.3 | 李XX |
| | 20:00 | 40.5 | 40.4 | 30.2 | 8.5 | — | 6.5 | — | 7.1 | 5.2 | 10.4 | 18.8 | 李XX |
| | 02:00 | 39.6 | 39.2 | 29.1 | 7.4 | — | 4.4 | — | 4.5 | 4.4 | 7.3 | 18.2 | 李XX |
| 11.28 | 8:00 | 41.2 | 40.1 | 29.3 | 10.1 | — | 9.2 | — | 10.2 | 8.7 | 16.2 | 18.5 | 张XX |
| | 14:00 | 43.3 | 42.4 | 28.5 | 12.6 | — | 11.4 | — | 10.1 | 9.3 | 17.2 | 19.1 | 张XX |
| | 20:00 | 39.4 | 38.5 | 25.7 | 9.2 | — | 8.5 | — | 8.2 | 6.4 | 12.2 | 18.2 | 张XX |
| | 02:00 | 36.1 | 35.2 | 24.6 | 7.5 | — | 6.8 | — | 5.4 | 4.7 | 8.4 | 17.8 | 张XX |
| | | | | | | | | | | | | | |
| | | | | | | | | | | | | | |
| | | | | | | | | | | | | | |
| | | | | | | | | | | | | | |
| | | | | | | | | | | | | | |
| | | | | | | | | | | | | | |

注意事项：测温期间不少于4次/d。

# 第七节 混凝土运输、泵送

（1）混凝土运输车在装料前，尤其是在雨季或冬季施工时，应反转罐体排尽罐内积水、残留浆液或杂物（图4-13和图4-14）；装料后严禁向搅拌罐内的混凝土加水。

（2）罐车司机一定要认真核对混凝土运输单（表4-16）的内容，重点核对工程名称、强度等级、车号、

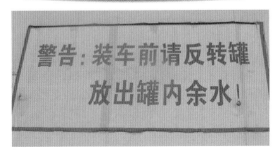

提示罐车装车前保证罐内无水及杂物

**图 4-13 罐车反转标识牌**

装车前将罐体内杂物及水放净

**图 4-14 将罐车内刷车水放净**

表4-16 预拌混凝土运输单

| 预拌混凝土运输单 | | | | | | | |
|---|---|---|---|---|---|---|---|
| 合同编号 | 2013-XXXX | 资料编号 | | 任务单编号 | 2013-XXXX | | |
| 供应单位 | XXXX混凝土有限公司 | 生产日期 | | | XX年XX月XX日 | | |
| 工程名称及施工部位 | XXXX工程 侧墙 | | | | | | |
| 委托单位 | XXXX项目经理部 | 混凝土强度等级 | C40 | 抗渗抗冻等级 | P10 | | |
| 混凝土输送方式 | 地泵 | 其他技术要求 | | | — | | |
| 本车供应方量/m³ | 13 | 累计方量/m³ | 16 | 要求坍落度/mm | 160-180 | 实测坍落度/mm | 180 |
| 配合比编号 | 2013-XXXX | 配合比比例 | 1:0.37:1.64:2.36 | | | | |
| 运距/km | 20 | 车号 | 52 | 车次 | 2 | 司机 | XXX |
| 出站时间 | 18:05 | 到场时间 | 18:35 | | | 现场出罐温度/℃ | 14.6 |
| 开始浇筑时间 | 18:50 | 完成浇筑时间 | 19:20 | | | 现场坍落度/mm | 180 |
| 签字栏 | 现场验收人 | XX | 混凝土供应单位质检员 | XX | 混凝土供应单位签发人 | XX | |
| 备注 | | | | | | | |

注意事项：施工方验收人员宜为混凝土供需合同中明确约定的混凝土验收人员（建议注明身份证号码）。

浇筑部位、质检员签字等信息,防止运错工地。

（3）混凝土运输、输送入模的过程应保证混凝土连续浇筑,从运输到输送入模的延续时间不宜超过表4-17的规定,且不应超过表4-18的规定。

表 4-17　运输到输送入模的延续时间　　　　　　　　　单位: min

| 条件 | 气温 | |
| --- | --- | --- |
| | ≤25℃ | >25℃ |
| 不掺外加剂 | 90 | 60 |
| 掺外加剂 | 150 | 120 |

表 4-18　运输、输送入模及其间歇总的时间限值　　　　　单位: min

| 条件 | 气温 | |
| --- | --- | --- |
| | ≤25℃ | >25℃ |
| 不掺外加剂 | 180 | 150 |
| 掺外加剂 | 240 | 210 |

（4）混凝土运输车在运输时应能保证混凝土拌和物不发生分层、离析;对于寒冷、严寒的天气,搅拌运输车的罐体宜有保温措施(图4-15、图4-16)。

冬季罐车未加装保温套

**图 4-15　未加保温套的罐车**

冬季罐车已加装保温套

**图 4-16　加装保温套的罐车**

（5）罐车到达工地后,罐车司机和施工方验收人员再次核对工程名称、浇筑部位、混凝土的强度等级等信息,确认无误后方可卸料,避免运错工地,卸错部位,尤其是同一工地正在浇筑不同部位、不同等级的混凝土。

（6）罐车司机认真填写混凝土到场时间、开始浇筑时间,混凝土卸完后,要求施工方验收人员填写完成浇筑时间并核实混凝土方量及签字确认,保证运输单的完整性。混凝土在卸料前应高速旋转,车内混凝土均匀后方可卸料。

（7）混凝土的泵送要符合现行行业标准《混凝土泵送施工技术规程》JGJ/T 10中的有关规定。

① 混凝土泵送前,先用清水对泵和泵管进行检查、湿润,然后采用混凝土同配合比(无粗骨料)砂浆对泵斗和泵管内壁进行润滑,确保泵管内无异物、管头严密不漏浆,减少混凝土泵送阻力;润滑用砂浆应在出料口进行收集,不得集中浇筑到结构中。

注:当使用润泵剂润滑泵斗和泵管时,严禁混有润泵剂的混凝土浇筑到结构中。

② 混凝土泵送前,仔细查看混凝土运输单,核对混凝土部位和强度等级(尤其在同一工程、多个部位同时在泵送施工的情况下);同时,检测混凝土坍落度等和易性是否满足施工要求,确保无误后再进行混凝土的泵送施工。

③ 混凝土泵送过程中,泵车接料斗应有足够的混凝土余量,避免吸入空气产生堵泵。

④ 若出现泵送困难,则立即暂停泵送,查找原因,如果是泵故障,则采取措施排除或替换备用泵;如果是混凝土原因,则对现有混凝土进行调整,保证供应连续性,同时及时准确地向技术人员反馈,采取有效措施对后续供应的混凝土进行质量调整,保证混凝土的可泵性。

⑤ 当出现供应不及时,则应放缓泵送速度,采取间歇正反泵的方式,避免泵管堵塞,维持泵送的连续性;泵送混凝土工作结束后,应及时将泵斗和泵管清洗干净。

⑥ 若混凝土泵出现堵管、设备损坏等故障,应协调现场施工负责人进行塔吊吊运,以免出现等待时间过长,影响混凝土质量而产生施工冷缝。

# 第八节 混凝土现场质量控制

外检或外调应尽力为用户提供细致周到的技术服务,根据工程要求、施工方案和本企业所使用的原材料特点,将混凝土的性能特点(如缓凝时间、浇注振捣成型方法、强度增长规律和养护要点等)和供料速度等情况及时与施工单位沟通。

(1)外检或外调密切监控施工现场的混凝土质量,当混凝土拌和物出现轻微质量波动时,及时与内检或调度反映情况,做到及时调整和解决,确保给用户提供优良的混凝土。

(2)当出现明显离析、泌水等不良情况时,及时采取有效措施阻止混凝土的使用,并做退货处理,同时第一时间给技术部或生产部联系,严禁不合格的混凝土用于工程中。

(3)确保混凝土浇筑的连续性,根据车辆浇筑的时间间隔,及时给调度反馈,让调度妥善安排车辆并控制好发车速度,确保现场不断车、不压车。

(4)混凝土运输至现场后,当混凝土坍落度小不能满足施工要求时,可在运输车罐内加入适量的与原配合比相同成分的外加剂。外加剂加入应事先由试验确定,并记录。加入外加剂后,混凝土运输车罐体应快速旋转搅拌均匀,达到要求的工作性能后方可泵送或浇筑。

(5)现场外加剂使用量和添加方法必须由专门的人员根据外加剂二次添加说明书进行,专用外加剂筒图4-17所示。

(6)督促施工人员做好混凝土浇筑、振捣、覆盖养护等工作。

图 4-17 混凝土调整专用外加剂筒

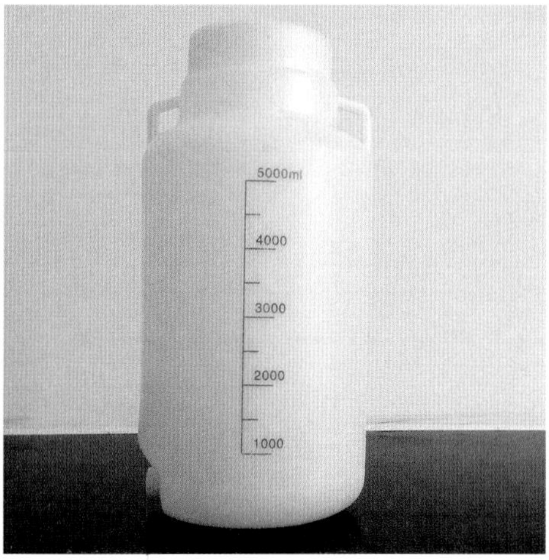

罐车司机出厂前将外加剂筒装满混凝土调整专用外加剂,以备混凝土到现场后调整坍落度用,以满足浇筑要求。

# 第九节 剩退混凝土的调整与处置

剩退混凝土处理不当是混凝土行业最易出现质量问题的原因之一,所以对剩退混凝土的处理要求重点管理,企业要制定剩退混凝土管理制度,剩退混凝土的调整采取行之有效的措施,加强控制。

剩退混凝土处理流程图如图4-18所示。

剩退混凝土调整必须以保证质量为基础,严格管理,合理利用。

(1)必须有剩退混凝土管理制度,严格按照管理制度进行剩退混凝土的处置,并做好剩退混凝土调整处理记录(表4-19)。

剩退混凝土的处理原则:

① 杜绝剩退混凝土由低强度等级向高强度等级进行调整。

② 避免超过初凝时间的剩退混凝土再次使用。

③ 避免向重要结构部位(梁、柱、墙)上调整剩退混凝土。

④ 避免不同种水泥或外加剂生产的混凝土之间调整剩退混凝土。

⑤ 要求技术人员必须做好剩退混凝土调整记录和跟踪验收工作。

(2)剩退混凝土调整与处置必须充分了解剩退混凝土的详情,包括工程部位、强度等级、车号、出站回站时间、混凝土状态以及剩退的原因。

(3)对调整与处置方法和处置结果要做相应的记录,并应对处置后的混凝土做相应的28d标准养护混凝土试件,并且对一定时间之内的数据进行分析,对下一步的剩退混凝土处置提供相应的数据支持。

(4)不能调整处理的剩退混凝土要进行分离处理(图4-19)。

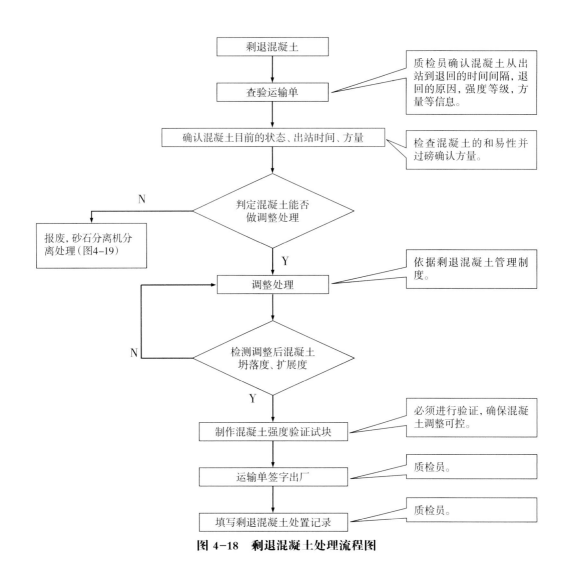

图 4-18　剩退混凝土处理流程图

混凝土分离

图 4-19　混凝土分离

## 表 4-19 剩（退）混凝土调整处理记录

编号：2013-XXXX

| 剩退情况 | 任务单号 | 强度等级 | 车号 | 出站时间/（h:min） | 回站时间/（h:min） | 方量/m³ | 混凝土状态 | 剩退原因 |
|---|---|---|---|---|---|---|---|---|
| | 2013-XXXX | C40 | 9 | 12:15 | 13:50 | 3 | 和易性良好 | 完工剩余 |

| 调整方式 | |
|---|---|
| ☑ 降级处理 | |
| □ 同等级处理 | |
| □ 报废分离处理 | |

| 处理结果 | 任务单号 | 强度等级 | 浇筑部位 | 车号 | 方量 | 出站时间 h:min | 坍落度/扩展度 /mm | 混凝土状态 | 试件编号 | 标养28d试件抗压结果 | | |
|---|---|---|---|---|---|---|---|---|---|---|---|---|
| | | | | | | | | | | | 荷载/kN | 强度/MPa |
| | 2013-XXXX | C30 | 顶板 | 9 | 18 | 14:10 | 215 | 480/500 | 和易性良好 | 2013-STXXXX | 439 | 426 | 41.4 |
| | | | | | | | | | | | | 442 | |

| 备注 | — |
|---|---|

质检员：张XX

日期：XXXX年XX月XX日

注意事项：剩退回混凝土制作试块单独连续编号。

137

# 第十节 预拌混凝土企业的服务

服务贯穿于企业提供混凝土产品的全过程,经营、生产、技术等相关人员必须在浇筑前、浇注中、浇筑后等各阶段为客户进行的一系列解难答疑、浇筑指导等服务。

## 一、售前服务

(1)经营人员与施工单位接触时,生产、技术服务就已经开始。生产、技术等相关人员要协助经营人员,让施工单位了解相关混凝土的供应和技术能力;混凝土企业有义务向施工单位提出针对混凝土技术方面的合理化建议,充分了解客户的技术需求以及执行的相关标准。

(2)生产、技术等相关人员必须掌握施工单位对于混凝土性能的需求,技术人员针对工程需要的特殊混凝土品种要提前准备原材料并做相应的试配准备工作;同时制定混凝土质量、供应的保障措施,向相关部门和施工单位进行生产技术交底。

(3)合同签订后,技术人员根据施工单位对混凝土的特殊要求进行试配、调整并试生产。

(4)对施工单位在使用混凝土前不理解、不明白的问题要进行答疑,做到互相沟通、达成共识。

(5)混凝土初次浇筑前,生产、技术人员到现场勘察现场及供应路线情况,落实施工部位、浇筑方量、速度、技术交底等工作。

## 二、售中服务

(1)混凝土浇筑时,专职外调人员应到施工现场服务,了解混凝土浇筑进度,与施工单位相关人员进行沟通、配合,及时将施工现场的情况汇报给生产调度,控制发车速度,避免出现压车、断车等不良情况。

(2)混凝土在浇筑过程中,技术人员应到现场服务,监督并指导现场混凝土的取样、试件制作及坍落度检测等工作。

(3)技术人员对坍落度损失较大的混凝土进行二次添加外加剂的方式调整,严禁向搅拌罐内加水。

(4)技术人员要与现场施工人员进行交底二次抹面时间和养护等注意事项。

(5)发现浇筑过程中有违规行为的要制止,同时与施工单位技术负责人进行沟通,并做好记录并备案,必要时取证。

## 三、售后服务

(1)混凝土浇筑完毕后,应及时回访,听取客户对混凝土供应、质量的意见,及时对混凝土供应和质量进行调整和改进。

(2)对施工单位制作的试块和浇筑后结构的养护情况进行跟踪指导。

(3)对达到龄期或早龄期结构实体进行质量回弹,了解实体的强度情况,及时和施工单位进行沟通。

(4)配合施工单位处理混凝土结构实体出现的质量问题。

# 第五章 仪器设备管理

在预拌混凝土企业中,有许多用于生产和检验的仪器设备,这些仪器设备的量值是否准确统一、是否满足预期要求,对混凝土的产品质量安全起着至关重要的作用,预拌混凝土企业应对仪器设备实行规范化管理。其管理内容包括:建立健全仪器设备管理制度;制定仪器设备安全操作规程;配备仪器设备管理人员;对仪器设备的操作人员进行培训;对仪器设备实施分类管理;建立仪器设备管理台帐;建立仪器设备档案;依据相关法律、法规对仪器设备进行计量检测(其方式包括:检定、校准、测试、自校),并确保计量检测具有量值溯源性;根据计量检测结果和仪器设备的预期使用要求,对其进行计量性能确认;对仪器设备的计量确认状态进行标识;在确认合格的状态下使用仪器设备。

## 第一节 生产设备

混凝土搅拌机配料秤、电子汽车衡是预拌混凝土企业用于生产以及材料结算的关键设备,对于这些涉及到产品质量以及商务结算用的设备,企业应按相关的国家标准、行业标准和地方法规,将其列入重点管理的范围,按期开展生产设备的测试(校准、检定)工作。

### 一、电子汽车衡的管理

(1)电子汽车衡主要是用于商务结算,同时也用于测定混凝土的容重,在管理中一般将其归类为生产设备。

预拌混凝土企业根据商务结算和生产的需要,应配备最大秤量和显示分度值满足要求的电子汽车衡或其他衡器。衡器应进行检定,并满足表5-1中Ⅲ级秤对最大允许误差的要求,其计量检定周期最长为1年。

表 5-1 电子汽车衡指标要求

| 测量设备名称 | 技术要求 | 检测方式 | 检定范围 | 检定最大允许误差 |
|---|---|---|---|---|
| 电子汽车衡 | Ⅲ级 | 检定 | $0 \leqslant m \leqslant 500e$ | $\pm 0.5e$ |
| | | | $500e < m \leqslant 2000e$ | $\pm 1.0e$ |
| | | | $2000e < m \leqslant 10000e$ | $\pm 1.5e$ |

注: 1. $e$为秤的检定分度值,与秤的实际分度值$d$相等。
　2. 衡器使用中最大允许误差=检定最大允许误差×2。
　3. Ⅲ级秤的最小秤量为$20e$。

(2)预拌混凝土企业使用电子汽车衡,应根据结算或生产对秤量误差的预期要求和计量检测结果对其进行计量性能确认,并在确认的范围内进行称量,确认依据《数字指示秤检定规程》JJG 539-1997,可参照下列格式,见表5-2。

### 二、搅拌机称量系统的管理

(1)预拌混凝土企业根据生产的需要,应配备最大秤量和显示分度值满足要求的搅拌机称量系统。

**表 5-2  电子汽车衡计量性能确认书**

| 电子汽车衡计量性能确认书 | | | | |
|---|---|---|---|---|
| 测量设备名称/编号/准确度等级 | | 电子汽车衡/0352/Ⅲ级 | | |
| 检测单位 | | ×××× | | |
| 检测方式/检测日期 | | 检定/20××年××月××日 | | |
| 最大秤量/检定分度值 | | 60t/20kg | | |
| 计量确认情况 | | | | |
| 测量范围 | 称量误差预期要求 | 检定最大允许误差 | 使用中最大允许误差 | 确认结论 |
| 400kg≤m≤10t | ≤±20kg | ≤±10kg | ≤±20kg | 合格 |
| 10t<m≤40t | ≤±40kg | ≤±20kg | ≤±40kg | 合格 |
| 40t<m≤60t | ≤±60kg | ≤±30kg | ≤±60kg | 合格 |
| 确认单位: | 确认人: | | 确认日期: | |

搅拌机称量系统应定期进行校准或测试,并满足表5-3中Ⅲ级衡器对最大允许误差的要求。其计量校准测试周期为1年。

**表 5-3  搅拌机称量系统指标要求**

| 测量设备名称 | 技术要求 | 检测方式 | 检定范围 | 最大允许误差 |
|---|---|---|---|---|
| 搅拌机称量系统 | Ⅲ级 | 校准/测试 | 0≤m≤50e | ±0.5e |
| | | | 50e<m≤200e | ±1.0e |
| | | | 200e<m≤1000e | ±1.5e |

注:1. e为秤的检定分度值,与秤的实际分度值d相等。
2. 衡器使用中最大允许误差＝检定最大允许误差×2。
3. Ⅲ级衡器的最小秤量为10e。

（2）预拌混凝土企业使用搅拌机,应根据工艺质量对称量误差的要求和计量检测结果对其称量系统进行计量性能确认,并在确认的范围内进行称量,确认依据《数字指示秤检定规程》JJG 539,可参照下列格式,见表5-4。

（3）在定期计量检测的基础上,企业应定期对搅拌机称量系统进行使用中检验,每月不少于一次。

（4）企业应定期检查搅拌机的叶片和衬板,并保持搅拌机内外清洁、润滑。

（5）当搅拌机称量系统首次使用、停用超过一个月以上、出现异常情况、维修后,均应重新进行校准。

## 三、混凝土搅拌机称量系统使用中检验操作规程

### （一）概述

本规程适用于对使用中的混凝土搅拌机称量系统进行检验。

### （二）技术要求

（1）外观

称量系统的各部件应完好,无影响使用的缺陷。

（2）秤体

应不受其他部件的影响。

表 5-4  搅拌机计量性能确认书

| 搅拌机计量性能确认书 | | | | |
|---|---|---|---|---|
| 测量设备名称/编号/准确度等级 | | 搅拌机称量系统/001/Ⅲ级 | | |
| 检测单位 | | ×××××××× | | |
| 检测方式/检测日期 | | 校准/20××年××月××日 | | |
| 最大秤量/检定分度值 | | 1000kg /1kg | | |
| 计量确认情况 | | | | |
| 测量范围 | 称量误差预期要求 | 检定最大允许误差 | 使用中最大允许误差 | 确认结论 |
| 10kg≤m≤50kg | ≤±1kg | ≤±0.5kg | ≤±1kg | 合格 |
| 50kg<m≤200kg | ≤±2kg | ≤±1.0kg | ≤±2kg | 合格 |
| 200kg<m≤1000kg | ≤±3kg | ≤±1.5kg | ≤±3kg | 合格 |
| 确认单位: | 确认人: | | 确认日期: | |

（3）示值误差

应满足工艺质量对示值误差的要求。

## （三）检验用计量标准器具

标准砝码：$M_1$等级或$M_2$等级。

## （四）检验方法

（1）外观检查。目测检查各部件是否完好，是否有影响使用的缺陷。

（2）秤体检查。检查秤体部分有无受到其他部件的影响。

（3）示值误差检验。用标准砝码加载，在称量系统显示部分读取显示值，计算出误差值，根据技术要

表 5-5  混凝土搅拌机称量系统使用中检验记录表

| 设备编号： | | | 检验编号： | | |
|---|---|---|---|---|---|
| 规格/型号： | | | 制造厂： | | |
| 环境条件：温度　℃；湿度　%RH | | | 校验日期：XXXX年XX月XX日 | | |
| 检验用计量标准器具 | 名称 | 编号 | 规格/型号 | | 有效期 |
| | 砝码 | | 20kg/M₁等级 | | XXXX年XX月XX日 |
| | | | | | |
| 检验结果 | | | | | |
| 校验项目 | 技术要求 | | | 检查结果 | |
| 外观检查 | 完好，无影响使用的缺陷 | | | | |
| 秤体检查 | 不受其他部件的影响 | | | | |
| 示值误差检验 | 加载质量 | 误差要求 | 显示值 | 误差值 | 结论 |
| | | | | | |
| | | | | | |
| | | | | | |
| | | | | | |
| | | | | | |
| | | | | | |
| | | | | | |
| | | | | | |
| 主任： | | 核验员： | | 检验员： | |

求判断是否合格。

示值误差检验点应至少包括称量系统的最小称量值、最大称量值和中间值。

进行示值误差检验最少应具备最大秤量50%的标准砝码。当检验秤量大于50%最大秤量时，可使用其它恒定载荷来替代标准砝码。

### （五）检验结果处理

校验结果符合各项技术要求为合格，合格者方可使用。

### （六）检验周期

每月1次。

### （七）检验记录混凝土搅拌机称量系统使用中检验记录表（表5-5）

## 第二节 试验设备

预拌混凝土企业应配备与所开展检验工作相适应的仪器，建立完整的仪器设备台帐和档案，各种试验仪器设备的校准或检定应符合北京市《建设工程检测试验管理规程》的相关规定。

首次使用和对测试结果有影响的维修、改造或移动以及停用后再次投入使用的仪器设备都应进行校准或检定。

当仪器设备在使用范围内出现裂痕、磨损、破坏、刻度不清或其他影响测量精度问题时，仪器设备不得继续使用。

### 一、检定周期要求

依据北京市地方标准《建设工程检测试验管理规程》DB11/T 386附录A中设备校准（检定）周期表，混凝土企业可按要求制定本企业试验设备的检定周期，见表5-6。

### 二、结果确认

试验设备按规定的校准（测试）周期进行外部检测、内部自校后，混凝土企业相关责任人员，应根据校准（测试）证书，仔细核查相关校准（测试）的结果，确认本次校准（测试）的设备各项技术指标是否能够符合相应的标准规定的要求，同时建立设备校准（测试）确认表。符合标准要求的设备继续使用，不符合要求的设备，应进行检修或维护，并再次进行校准（测试），合格后方允许使用，不符合要求的应降级或停用。

### 三、主要设备管理范例

#### （一）材料试验机的管理

（1）预拌混凝土企业根据质量检验的需要，应配备最大试验力、显示分度值、准确度等级满足要求的材料试验机。

表 5-6 预拌混凝土企业常用的设备校准(检定)周期表

| 序号 | 仪器设备名称 | 校准/检定周期 | 备注 |
|---|---|---|---|
| 1 | 混凝土回弹仪 | 半年/6000次 | |
| 2 | 天平、秤 | 1年 | |
| 3 | 千(百)分表 | 1年 | |
| 4 | 万能材料试验机、压力试验机 | 1年 | |
| 5 | 抗折试验机 | 1年 | |
| 6 | 恒温恒湿养护箱 | 1年 | |
| 7 | 低温试验箱 | 1年 | |
| 8 | 混凝土抗渗仪 | 1年 | |
| 9 | 电子温湿度计 | 1年 | |
| 10 | 混凝土振动台 | 2年 | |
| 11 | 千分表(混凝土弹模测定仪) | 2年 | |
| 12 | 恒电位/恒电流仪 | 2年 | |
| 13 | 水泥快速养护箱 | 2年 | |
| 14 | 混凝土收缩膨胀仪 | 2年 | |
| 15 | 比长仪 | 2年 | |
| 16 | 混凝土试模 | 2年 | 可自校 |
| 17 | 砂浆试模 | 2年 | 可自校 |
| 18 | 温、湿度控制仪表 | 2年 | 可自校 |
| 19 | 保水率试验装置 | 2年 | 可自校 |
| 20 | 跳桌 | 2年 | 可自校 |
| 21 | 截锥圆模 | 2年 | 可自校 |
| 22 | 维卡仪(水泥稠度凝结时间测定仪) | 2年 | 可自校 |
| 23 | (针)片状规准仪 | 2年 | 可自校 |
| 24 | 电热鼓风干燥箱 | 2年 | 可自校 |
| 25 | 恒温养护水槽 | 2年 | 可自校 |
| 26 | 砂浆稠度仪 | 2年 | 可自校 |
| 27 | 水泥抗压夹具 | 2年 | 可自校 |
| 28 | 水泥净浆搅拌机 | 2年 | 可自校 |
| 29 | 水泥胶砂搅拌机 | 2年 | 可自校 |
| 30 | 水泥胶砂振动台 | 2年 | 可自校 |
| 31 | 水泥胶砂振实台 | 2年 | 可自校 |
| 32 | 酸式滴定管 | 3年 | |
| 33 | 压力泌水仪 | 3年 | |
| 34 | 混凝土贯入阻力仪 | 3年 | |
| 35 | 混凝土含气量测定仪 | 3年 | |
| 36 | 负压筛析仪 | 3年 | |
| 37 | 高温炉(电炉温度控制器) | 3年 | |
| 38 | 游标卡尺 | 3年 | |
| 39 | 砂石筛 | 3年 | 可自校 |
| 40 | 玻璃器皿 | 一次性 | |
| 41 | 秒表 | 一次性 | |
| 42 | 钢制直(卷)尺 | 一次性 | |
| 43 | 水银(酒精)温、湿度计 | 一次性 | |
| 44 | 雷氏夹测定仪 | 一次性 | |
| 45 | 筒压强度测定仪 | 一次性 | |
| 46 | 压碎指标测定仪 | 一次性 | |
| 47 | 砂浆分层度测定仪 | 一次性 | |
| 48 | 密度计 | 一次性 | |
| 49 | 坍落度筒 | 一次性 | |
| 50 | 抗渗试模 | 一次性 | |
| 51 | 比表面积测定仪 | 1年 | |
| 52 | 离子色谱仪 | 1年 | |
| 53 | 酸度仪 | 1年 | |
| 54 | 火焰光度计 | 1年 | |

（2）材料试验机应定期进行检定或校准，并确保其示值误差、重复性、稳定性满足1级试验机的技术要求，材料试验机的计量检测与确认间隔最长为12个月。材料试验机首次使用、出现异常情况、维修后再次投入使用、稳定性不合格或未经稳定性考核，计量检测与确认间隔最长为6个月。

（3）材料试验机的试验范围应在试验机最大试验力的20%～100%之间。

（4）预拌混凝土企业使用材料试验机，应根据质量检验对示值误差的预期要求和计量检测结果对其进行确认，并在确认的范围内进行测量，确认依据《拉力、压力和万能试验机》JJG 139-1999，可参照下列格式，见表5-7。

**表 5-7 压力试验机性能确认书**

| 压力试验机性能确认书 | | | | | |
|---|---|---|---|---|---|
| 测量设备名称/编号/准确度等级 | | | 压力试验机/001/1.0级 | | |
| 检测单位 | | | ××××××× | | |
| 检测方式/检测日期 | | | 校准/20××年××月××日 | | |
| 最大试验力 | | | 300kN | | |
| 计量确认情况 | | | | | |
| 确认点 | 计量性能预期要求 | 示值误差检测结果 | 重复性检测结果 | 稳定性确认结果 | | 确认结论 |
| | | | | 上次检测结果 | 稳定性 | |
| 60kN（20%FS） | ≤1.0% | +0.8% | 0.7% | +0.6% | 0.2% | 合格 |
| 120kN（40%FS） | ≤1.0% | +0.5% | 0.5% | +0.2% | 0.3% | 合格 |
| 180kN（60%FS） | ≤1.0% | +0.5% | 0.4% | +0.2% | 0.3% | 合格 |
| 240kN（80%FS） | ≤1.0% | +0.3% | 0.3% | +0.1% | 0.2% | 合格 |
| 300kN（100%FS） | ≤1.0% | +0.5% | 0.2% | +0.1% | 0.4% | 合格 |

确认单位：

确认人：

确认日期：

**表 5-8 电子天平性能确认书**

| 电子天平性能确认书 | | | | |
|---|---|---|---|---|
| 测量设备名称/编号/准确度等级 | | 电子天平/001/①级 | | |
| 检测单位 | | 北京市海淀区计量检测所 | | |
| 检测方式/检测日期 | | 校准/2013年9月10日 | | |
| 最大秤量/显示分度值 | | 210g / 0.1mg | | |
| 检定分度值 | | $e=1mg$ | | |
| 计量确认情况 | | | | |
| 确认项目 | 测量范围 | 计量性能预期要求 | 计量检测结果 | 确认结论 |
| 示值误差 | $0≤m≤50000e$ | ≤±0.5e | 最大：+0.2e | 合格 |
| 示值误差 | $50000e<m≤200000e$ | ≤±1.0e | 最大：+0.2e | 合格 |
| 示值误差 | $200000e<m≤$最大秤量 | ≤±1.5e | 最大：+0.2e | 合格 |

确认单位：

确认人：

确认口期：

## （二）天平的管理

（1）预拌混凝土企业根据检验的需要，应配备最大秤量、显示分度值、准确度等级满足要求的天平。

（2）天平应定期进行检定或校准，并确保其技术性能满足要求，天平的计量检测与确认间隔最长为1年。

（3）预拌混凝土企业使用天平，应根据检验对示值误差的预期要求和计量检测结果对其进行确认，确认依据《电子天平检测规程》JJG 1036-2008，并可参照下列格式，见表5-8。

# 第三节 设备自校

对于国家法规没有作出特别规定的一些设备、器具，预拌混凝土企业可以自我开展设备自校工作。自校须编制自校规程。企业可以根据相应的法规规定、标准要求，制定设备自校规程、确定自校周期，开展相应的设备自校工作。

## 一、自校验的基本要求

（1）自校验应根据相关标准制订校验规程，并设计规范的记录表格对自校验过程进行记录。

（2）自校验使用的计量标准器具应经计量检定或校准合格，并确保其具有量值溯源性。

（3）自校验人员应熟悉相关标准、熟练使用校验用计量标准器具。

（4）自校验人员应由企业授权，并承担相应责任。

## 二、常用自校验规程

### （一）针片状规准仪自校验规程

1. 概述

针状规准仪和片状规准仪依据《普通混凝土用砂、石质量及检验方法标准》JGJ 52-2006和《公路工程集料试验规程》JTG E42-2005进行碎石或卵石针片状颗粒检验，用于测定粒径小于或等于40mm的碎石或卵石中的针片状颗粒的含量。

本规程适用于新购入、检修后和按规定间隔周检的针状规准仪和片状规准仪的计量校验。

2. 技术要求

（1）外观

① 材质为不锈钢。

② 底板及规准柱的表面应平直、光滑，无明显的锈蚀。

③ 规准柱应焊接牢固，且在焊接点无影响使用的焊接疤痕。

④ 片状规准板支腿为钢筋制成，其表面应无明显的锈蚀。

（2）外形尺寸

① 针状规准仪底板尺寸：长（348.7±1）mm、宽（20±0.5）mm、厚（5±0.2）mm。

② 针状规准仪规准柱直径：（6±0.2）mm。

③ 片状规准仪规准板尺寸：长（240±1）mm、宽（120±0.5）mm、厚（3±0.2）mm。

（3）规准柱垂直度

规准柱与针状规准仪底板的垂直度应小于1mm/63mm，规准柱间距、规准板孔长、规准板孔宽及最大允许误差见，表5-9。

表 5-9　规准柱间距、规准板孔长、规准板孔宽及最大允许误差

| 粒级/mm | 4.75~9.5 | 9.5~16 | 16~19 | 19~26.5 | 26~31.5 | 31.5~37.5 |
|---|---|---|---|---|---|---|
| 规准柱间距/mm | 17.1±0.8 | 30.6±1.0 | 42±2.0 | 54.6±2.0 | 69.6±2.0 | 82.8±2.0 |
| 规准板孔长/mm | 17.1±0.8 | 30.6±1.0 | 42±2.0 | 54.6±2.0 | 69.6±2.0 | 82.8±2.0 |
| 规准板孔宽/mm | 2.8±0.1 | 5.1±0.2 | 7.0±0.2 | 9.1±0.2 | 11.6±0.2 | 13.8±0.3 |

3. 校验用计量标准器具

（1）游标卡尺：测量范围0~150mm，分度值0.02mm。

（2）钢直尺：测量范围0~500mm，分度值1mm。

（3）宽坐直角尺：63mm，1级。

（4）塞尺：0.2~1.0mm。

4. 校验环境

（1）温度：（20±10）℃

（2）相对湿度：≤85%

5. 校验方法

（1）外观检查

① 用目测和手摸的方法，检查针状规准仪底板及规准柱表面是否平直、光滑，有无明显的锈蚀及影响使用的焊接疤痕，焊接是否牢固。

② 用目测和手摸的方法，检查片状规准仪是否平直、光滑，有无明显的锈蚀。

③ 目测检查片状规准板支腿有无明显的锈蚀。

（2）外形尺寸测量

① 用钢直尺测量针（片）状规准仪底板长、宽，用游标卡尺测量针（片）状规准仪底板厚度，各测两次，以平均值作为测量结果，根据技术要求判断其是否合格。

② 用游标卡尺测量针状规准仪规准柱的直径，测两次，以平均值作为测量结果，根据技术要求判断其是否合格。

（3）规准柱垂直度的测量

用宽坐直角尺和塞尺测量规准柱与针状规准仪底板之间的垂直度，判断其是否合格。

（4）规准柱间距、规准板孔长、规准板孔宽及最大允许误差的测量

用游标卡尺分别测量针状规准仪规准柱间距、片状规准仪规准板孔长、规准板孔宽，测两次，测量结

果取平均值,根据技术要求判断其是否合格。

6. 校验结果处理

校验结果符合各项技术要求为合格,合格者方可使用。

7. 校验周期

最长不超过二年。

8. 校检记录

针状规准仪校验记录表见表5-10和片状规准仪校验记录表,见表5-11。

## (二)石料压碎值测定仪自校验规程

1. 概述

石料压碎值测定仪用于依据《公路工程集料试验规程》JTG E42-2005衡量集料在逐渐增加的荷载下

**表 5-10  针状规准仪校验记录表**

| 仪器设备编号: | | | 校验编号: | |
|---|---|---|---|---|
| 规格/型号: | | | 制造厂: | |
| 环境条件:温度　℃;相对湿度　% | | | 校验日期:　年　月　日 | |
| 校验用计量标准器具 | 名称 | 编号 | 规格/型号 | 有效期 |
| | 游标卡尺 | | 150mm/0.02mm | 年　月　日 |
| | 钢直尺 | | 500mm/1mm | 年　月　日 |
| | 宽坐直角尺 | | 63mm/1级 | 年　月　日 |
| | 塞尺 | | 0.2~1.0mm | 年　月　日 |

| 校验结果 | | | | |
|---|---|---|---|---|
| 校验项目 | 技术要求 | 数据记录 | 测量结果 | 结论 |
| 外观 | 无影响使用的缺陷 | — | | |
| 外形尺寸测量/mm | 底板长:(348.7±1) | | | |
| | 底板宽:(20±0.5) | | | |
| | 底板厚:(5±0.2) | | | |
| | 规准柱直径:(6±0.2) | | | |
| 规准柱垂直度的测量/mm | 规准柱1:小于1/63 | — | — | |
| | 规准柱2:小于1/63 | — | — | |
| | 规准柱3:小于1/63 | — | — | |
| | 规准柱4:小于1/63 | — | — | |
| | 规准柱5:小于1/63 | — | — | |
| | 规准柱6:小于1/63 | — | — | |
| | 规准柱7:小于1/63 | — | — | |
| 规准柱间距的测量/mm | (5~10)粒级:(17.1±0.8) | | | |
| | (10~16)粒级:(30.6±1.0) | | | |
| | (16~20)粒级:(42±2.0) | | | |
| | (20~25)粒级:(54.6±2.0) | | | |
| | (25~31.5)粒级:(69.6±2.0) | | | |
| | (31.5~40)粒级:(82.8±2.0) | | | |

| 主任: | 核验员: | 校验员: |
|---|---|---|

表 5-11　片状规准仪校验记录表

| 仪器设备编号： | | | 校验编号： | | |
| --- | --- | --- | --- | --- | --- |
| 规格/型号： | | | 制造厂： | | |
| 环境条件：温度　　℃;相对湿度　　%R | | | 校验日期：　　年 月　 日 | | |

| 校验用计量标准器具 | 名称 | 编号 | 规格/型号 | 有效期 |
| --- | --- | --- | --- | --- |
| | 游标卡尺 | | 150mm/0.02mm | 年 月 日 |
| | 钢直尺 | | 500mm/1mm | 年 月 日 |

校验结果

| 校验项目 | 技术要求 | 数据记录 | | 测量结果 | 结论 |
| --- | --- | --- | --- | --- | --- |
| 外观 | 无影响使用的缺陷 | — | | | |
| 外形尺寸测量<br>/mm | 底板长：(240±1) | | | | |
| | 底板宽：(120±0.5) | | | | |
| | 底板厚：(3±0.2) | | | | |
| 规准孔测量<br>/mm | (5~10)粒级/长：(17.1±0.8) | | | | |
| | (5~10)粒级/宽：(2.8±0.1) | | | | |
| | (10~16)粒级/长：(30.6±1.0) | | | | |
| | (10~16)粒级/宽：(5.1±0.2) | | | | |
| | (16~20)粒级/长：(42±2.0) | | | | |
| | (16~20)粒级/宽：(7.0±0.2) | | | | |
| | (20~25)粒级/长：(54.6±2.0) | | | | |
| | (20~25)粒级/宽：(9.1±0.2) | | | | |
| | (25~31.5)粒级/长：(69.6±2.0) | | | | |
| | (25~31.5)粒级/宽：(11.6±0.2) | | | | |
| | (31.5~40)粒级/长：(82.8±2.0) | | | | |
| | (31.5~40)粒级/宽：(13.8±0.3) | | | | |

| 主任： | 核验员： | 校验员： |
| --- | --- | --- |

抵抗压碎能力的石料压碎值的测量。

本规程适用于新购入、检修后和按规定间隔周检的石料压碎值测定仪的计量校验。

2. 技术要求

（1）外观

① 石料压碎值测定仪由钢制试筒、钢制底板、钢制压柱组成。

② 仪器的表面应平整、光滑、镀铬,各个焊缝均应打磨光滑、平整。

（2）各部分尺寸

① 钢制试筒：内径(150±0.3)mm,高125~128mm,壁厚≥12mm。

② 钢制底板：直径200~220mm,中间厚度(6.4±0.2)mm,边缘厚度(10±0.2)mm。

③ 钢制压柱：压头直径(149±0.2)mm,压杆直径100~149mm,压柱总长100~110mm,压头厚度≥25mm。

（3）各部分垂直度

① 钢制试筒底面与垂直筒轴线之间的垂直度应小于0.5mm/63mm。

② 钢制底板的底壁与底面之间的垂直度应小于0.5mm/63mm。

③ 钢制压柱前面与压头轴线之间的垂直度应小于0.5mm/63mm。

3. 校验用计量标准器具

（1）游标卡尺：测量范围0~300mm，分度值0.02mm。

（2）钢直尺：测量范围0~500mm，分度值1mm。

（3）宽坐直角尺：63mm，1级。

（4）塞尺：0.2~1.00mm。

4. 校验环境

（1）温度：（20±10）℃

（2）相对湿度：≤85%

5. 校验方法

（1）外观检查

用目测和手摸的方法检查各表面及焊逢是否符合技术要求。

（2）各部分尺寸测量

① 用钢直尺测量钢制试筒高度、钢制底板直径、钢制压柱总长，各测三次，以平均值作为测量结果，根据技术要求判断其是否合格。

② 用游标卡尺测量钢制试筒内径、钢制试筒壁厚、钢制底板中间厚度、钢制底板边缘厚度、钢制压柱压头直径、钢制压柱压杆直径、钢制压柱压头厚度，各测三次，以平均值作为测量结果，根据技术要求判断其是否合格。

③ 各部分垂直度的测量并用宽坐直角尺和塞尺测量各部分垂直度，判断其是否合格。

6. 校验结果处理

校验结果符合各项技术要求为合格，合格者方可使用。

7. 校验周期

最长不超过二年。

8. 检验记录

石料压碎值测定仪校验记录，见表5–12。

## （三）水泥抗压夹具校验规程

1. 概述

水泥抗压夹具用于依据《水泥胶砂强度检验方法（ISO法）》GB/T 17671–1999进行水泥抗压试验。

本规程适用于新购入、检修后和按规定间隔周检的水泥抗压夹具的计量校验。

2. 技术要求

（1）外观

① 抗压夹具应有牢固的铭牌。其内容包括：仪器名称、规格型号、制造厂、出厂编号、出厂日期。

② 抗压夹具表面应平整光洁，不得有碰伤和明显划痕。

③ 球座应能自由转动，并在试验进行中能保持开始状态。

## 表 5-12 石料压碎值测定仪校验记录

| 仪器设备编号： | | | 校验编号： | |
| --- | --- | --- | --- | --- |
| 规格/型号： | | | 制造厂： | |
| 环境条件：温度　℃；相对湿度　% | | | 校验日期：　年　月　日 | |

| 校验用计量标准器具 | 名称 | 编号 | 规格/型号 | 有效期 |
| --- | --- | --- | --- | --- |
| | 游标卡尺 | | 300mm/0.02mm | 年　月　日 |
| | 钢直尺 | | 500mm/1mm | 年　月　日 |
| | 宽坐直角尺 | | 63mm/1级 | 年　月　日 |
| | 塞尺 | | 0.2~1.0mm | 年　月　日 |

校验结果

| 校验项目 | 技术要求 | 数据记录 | 测量结果 | 结论 |
| --- | --- | --- | --- | --- |
| 外观 | 无影响使用的缺陷 | — | | |
| 各部分尺寸测量 /mm | 钢制试筒高度：125~128 | | | |
| | 钢制试筒内径：（150±0.3） | | | |
| | 钢制试筒壁厚：≥12 | | | |
| | 钢制底板直径：200~220 | | | |
| | 钢制底板中间厚度：（6.4±0.2） | | | |
| | 钢制底板边缘厚度：（10±0.2） | | | |
| | 钢制压柱总长：100~110 | | | |
| | 钢制压柱压头直径：（149±0.2） | | | |
| | 钢制压柱压杆直径：100~149 | | | |
| | 钢制压柱压头厚度：≥25 | | | |
| 各部分垂直度的测量/mm | 钢制试筒底面与垂直筒轴线之间的垂直度：<0.5/63 | — | — | — |
| | 钢制底板的底壁与底面之间的垂直度：<0.5/63 | — | — | — |
| | 钢制压柱前面与压头轴线之间的垂直度：<0.5/63 | — | — | — |

主任：　　　　　　　　　　核验员：　　　　　　　　　　校验员：

④ 传压柱进行导向运动时，应垂直滑动而不发生明显摩擦和晃动，外力撤消后，传压柱应能自动返回原位。

（2）各部分尺寸

① 上、下压板长度：（40±0.1）mm。

② 上、下压板宽度：>40mm。

③ 上、下压板厚度：>10mm。

④ 上、下压板自由距离：>45mm。

⑤ 定位销高度不高于下压板表面5mm，间距41~55mm。

3. 校验用计量标准器具

（1）游标卡尺：测量范围0~150mm，分度值0.02mm。

（2）钢直尺：测量范围0~500mm，分度值1mm。

4. 校验环境

（1）温度：（20±10）℃。

（2）相对湿度：≤85%。

5. 校验方法

（1）外观检查

① 目测检查抗压夹具的名牌和表面，查看是否完好，是否有影响使用的缺陷。

② 手动检查球座，验证其是否符合技术要求。

③ 手动检查传压柱，验证其是否符合技术要求。

（2）各部分尺寸测量

① 用游标卡尺测量上、下压板长度、宽度、厚度，测两次，以平均值作为测量结果，根据技术要求判断其是否合格。

② 用钢直尺测量上、下压板自由距离和定位销高度、间距，根据技术要求判断其是否合格。

6. 校验结果处理

校验结果符合各项技术要求为合格，合格者方可使用。

7. 校验周期

最长不超过1年。

8. 校验记录

水泥抗压夹具校验记录表，见表5-13。

### 表 5-13 水泥抗压夹具校验记录

| 设备编号： | | | 校验编号： | | |
|---|---|---|---|---|---|
| 规格/型号： | | | 制造厂： | | |
| 环境条件：温度　℃；相对湿度　% | | | 校验日期：　年　月　日 | | |
| 校验用计量<br>标准器具 | 名称 | 编号 | 规格/型号 | 有效期 | |
| | 游标卡尺 | | 150mm/0.02mm | 年　月　日 | |
| | 钢直尺 | | 500mm/1mm | 年　月　日 | |
| 校验结果 | | | | | |
| 校验项目 | 技术要求 | | 数据记录 | 测量结果 | 结论 |
| 外观 | 名牌和表面 | | — | | |
| | 球座 | | — | | |
| | 传压柱 | | — | | |
| 各部分尺寸测量<br>/mm | 上压板长度：（40±0.1） | | | | |
| | 下压板长度：（40±0.1） | | | | |
| | 上压板宽度：>40 | | | | |
| | 下压板宽度：>40 | | | | |
| | 上压板厚度：>10 | | | | |
| | 下压板厚度：>10 | | | | |
| | 上、下压板自由距离：>45 | | — | — | |
| | 定位销高度：不高于下压板表面5 | | — | — | |
| | 定位销间距：41~55 | | — | — | |
| 主任： | | 核验员： | | 校验员： | |

### （四）混凝土及砂浆试模校验规程

**1. 概述**

本规程适用于新购入、检修后和按规定间隔周检的混凝土试模、砂浆试模的计量校验。

**2. 技术要求**

（1）外观

试模的表面应光滑、平整，无影响使用的缺陷。

（2）垂直度

试模内部各相邻面的垂直度应小于0.2mm/63mm。

（3）试模内部尺寸规格及允许最大偏差，见表5-14。

**表 5-14 试模内部尺寸规格及允许最大偏差**

| 规格/（mm×mm×mm） | 宽/mm | 深/mm | 长/mm |
| --- | --- | --- | --- |
| 70.7×70.7×70.7 | 70.7±0.2 | 70.7±0.2 | 70.7±0.2 |
| 100×100×100 | 100±0.2 | 100±0.2 | 100±0.2 |
| 150×150×150 | 150±0.3 | 150±0.3 | 150±0.3 |
| 200×200×200 | 200±0.4 | 200±0.4 | 200±0.4 |
| 100×100×300 | 100±0.2 | 100±0.2 | 300±1.0 |
| 100×100×400 | 100±0.2 | 100±0.2 | 400±1.2 |
| 150×150×515 | 150±0.3 | 150±0.3 | 515±1.0 |
| 150×150×550 | 150±0.3 | 150±0.2 | 550±1.0 |

**3. 校验用计量标准器具**

（1）游标卡尺：测量范围0~300mm，分度值0.02mm。

（2）深度尺：测量范围0~300mm，分度值0.02mm。

（3）钢直尺：测量范围0~150mm，分度值1mm。

（4）钢直尺：测量范围0~1000mm，分度值1mm。

（5）宽坐直角尺：63mm，1级。

（6）塞尺：0.02~1.00mm。

**4. 校验环境**

（1）温度：（20±10）℃。

（2）相对湿度：≤85%。

**5. 校验方法**

（1）外观检查

目测检查试模是否完好、是否有影响使用的缺陷。

（2）垂直度测量

用宽坐直角尺和塞尺测量试模内部各相邻面的垂直度，确认其是否小于0.2mm/63mm。

（3）试模内部尺寸测量

用游标卡尺和深度尺（当测量尺寸大于300mm时用钢直尺）测量试模内部长度，选不同的测量点测3次，以平均值作为测量结果，根据技术要求判断其是否合格。

6. 校验结果处理

校验结果符合各项技术要求为合格，合格者方可使用。

7. 检验周期

最长不超过2年。

8. 校验记录

混凝土及砂浆试模校验记录，见表5-15。

### 表 5-15　混凝土及砂浆试模校验记录

| 设备编号： | | | 校验编号： | |
|---|---|---|---|---|
| 规格/型号： | | | 制造厂： | |
| 环境条件：温度　℃；相对湿度　% | | | 校验日期：　年　月　日 | |

| | 名称 | 编号 | 规格/型号 | 有效期 |
|---|---|---|---|---|
| 校验用计量标准器具 | 游标卡尺 | | 300mm/0.02mm | 年　月　日 |
| | 深度尺 | | 300mm/0.02mm | 年　月　日 |
| | 钢直尺 | | 150mm/1mm | 年　月　日 |
| | 钢直尺 | | 1000mm/1mm | 年　月　日 |
| | 宽坐直角尺 | | 63mm | 年　月　日 |
| | 塞尺 | | 0.02~1.00mm | 年　月　日 |

| 校验结果 | | | | | |
|---|---|---|---|---|---|
| 校验项目 | 技术要求 | | 数据记录 | 测量结果 | 结论 |
| 外观 | 影响使用的缺陷 | | — | — | |
| 垂直度测量 | 小于0.2mm/63mm | | — | | |
| 试模内部尺寸测量/mm | 宽： | | | | |
| | 高： | | | | |
| | 长： | | | | |

主任：　　　　　　　　核验员：　　　　　　　　校验员：

# 第四节 试验设备使用管理

预拌混凝土企业配置好齐全的试验设备，并经过检定或测试（校准）合格后，还应对试验设备进行明显的标识，包括仪器设备使用状态、检定日期及有效期，并对试验设备按相关规定及使用说明书的要求进行维修保养，并做好记录。试验人员在开展测试工作前、后及过程中应检查所使用要求设备的工作状态，并做好记录，确认仪器设备正常后方可开展测试工作。试验项目温度、湿度有要求时，在开展测试工作前后及过程中应控制环境的温、湿度，并做好记录。

## 一、试验环境

### 1. 总体要求

作为专业级水泥混凝土试验室, 要求试验仪器设备布局合理、环境符合标准要求, 以及方便试验人员进行操作, 同时, 也要求试验人员保持试验的环境, 要做到干净、整洁、无尘, 试验环境需专人每天负责清理。规划合理的试验室布局, 如图5-1和图5-2所示。

图 5-1　试验室设备布局

图 5-2　试验室设备布局

### 2. 区域划分

试验室宜按功能或者使用分区管理, 对于有试验规定环境要求的, 试验室要由专人负责记录试验环境条件监控, 以保证试验条件满足规定, 如图5-3和图5-4所示。

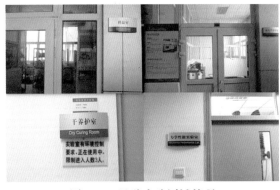

图 5-3　试验室分区域管理

图 5-4　试验室环境条件监控记录本

## 二、主要管理途径

试验室设备管理关系到仪器的完好率、使用率以及试验室的检测准确率。试验室设备的管理主要通过以下几个有效途径:

（1）设备标识管理;

（2）设备使用记录管理;

（3）设备计量性能确认书;

（4）设备自检管理，如图5-5所示。

## 三、设备标识管理

仪器标识主要包括：

（1）仪器名称；

（2）仪器编号；

（3）仪器负责人；

（4）仪器负责人照片；

（5）固定资产编号；

（6）合格证等，如图5-6所示。

**图 5-5　设备管理**

## 四、设备使用记录

设备使用记录主要包括：

（1）设备编号；

（2）设备名称；

（3）管理人员；

（4）安装地点；

**图 5-6　设备标识图**

（5）仪器设备与维修指导书；

（6）仪器设备使用记录表，如图5-7、图5-8、图5-9所示。

### （一）准备

（1）检查计量标识应在有效期内方能使用，否则不准使用。

（2）拉开上盖，放置小水箱，一般情况下将配备的小水箱全部放入，以防止大水箱的水位产生大的变化。

（3）向放入试件的小水箱注水，水位高于试件上表面5mm，没有放试件的小水箱也要放入水防止漂浮。

（4）向大水箱内注水，水位不能超过小水箱。

**图 5-7　设备使用记录封皮例图**

### （二）操作程序

（1）开启电源，检查是否漏电，设定温度为20℃，进入自动控温。

（2）操作者审核无误方可离去，设备投入自动控制运行。

（3）设备运行中，操作人员应按时巡视检查，以便发现问题及时处理。

（4）试验完成后断电清理擦拭，长时间不用将水槽内水放掉。

### （三）维护

（1）操作人员每次使用完后要清洁擦拭维护。

（2）每半年由维修和使用人员利用检定过的温度计对设备进行一次比对试验。

**BMT-ZL-42**

### 仪器设备使用记录

年度：＿＿＿＿＿年

| 日期<br>（月日） | 检验任务单<br>编号 | 仪器设备是否<br>在计量有效期内 | 检测项目 | 仪器设备使用<br>前是否完好 | 仪器设备使用完<br>毕后是否完好 | 仪器设备使<br>用起止时间 | 使用人 | 备注 |
|---|---|---|---|---|---|---|---|---|
| | | | | | | | | |
| | | | | | | | | |
| | | | | | | | | |
| | | | | | | | | |
| | | | | | | | | |
| | | | | | | | | |
| | | | | | | | | |
| | | | | | | | | |

注：√代表"是"，×代表"否"。

**图 5-8 仪器设备使用记录表例图**

| 仪器设备操作与维护指导书 | XXX-XXX-XXX-294 |
|---|---|
| | 第 1 页共 1 页 |
| | 第 A 版 第 0 次修改 |
| 名称：水泥自动养护水箱 | 生效日期：XXXX 年XX月XX日 |

（3）每年对设备进行一次维护检查，摇测绝缘电阻，清理冷凝器，委托计量检定。

### （四）环境条件要求

一般试验室条件。

### （五）记录

使用过程中要填写使用记录。

| 编制 | | 审核 | | 批准 | |
|---|---|---|---|---|---|

**图 5-9 设备操作与维护指导书例图**

## 五、设备计量能力确认书及自检

计量确认是指为确保计量设备满足预期使用要求而进行的一组操作。所有的测量设备必须满足规定的计量要求，即必须经过确认，并在受控条件下使用，才能保证测量结果的有效性（详见本章第二节）。

试验室所用设备很多都是些小设备，有条件的情况下可以开展自检，如水泥试模、混凝土试模、夹具等。自校时要根据标准要求编订相应的自校规程，再按规程进行检测，最后进行判定（详见本章第三节）。

# 附录

## 现行标准、规范、规程管理一览表

| 序号 | 文件名称 | 文件编号 | 启用日期 |
|---|---|---|---|
| | 水泥 | | |
| 1 | 通用硅酸盐水泥 | GB175-2007 | 2008.06.01 |
| 2 | 水泥标准稠度用水量、凝结时间、安定性检验方法 | GB/T1346-2011 | 2012.03.01 |
| 3 | 水泥胶砂强度检验方法（ISO法） | GB/T17671-1999 | 1999.05.01 |
| 4 | 水泥取样方法 | GB/T12573-2008 | 2009.04.01 |
| 5 | 水泥细度检验方法筛析法 | GB/T1345-2005 | 2005.08.01 |
| 6 | 水泥胶砂流动度测定方法 | GB/T2419-2005 | 2005.08.01 |
| 7 | 水泥压蒸安定性试验方法 | GB/T750-92 | 1993.06.01 |
| 8 | 水泥比表面积测定方法（勃氏法） | GB/T8074-2008 | 2008.08.01 |
| 9 | 水泥密度测定方法 | GB/T208-94 | 1995.06.01 |
| 10 | 水泥化学分析方法 | GB/T176-2008 | 2009.04.01 |
| 11 | 水泥的命名、定义和术语 | GB/T4131-1997 | 1998.02.01 |
| 12 | 水泥强度快速检验方法 | JC/T738-2004 | 2005.04.01 |
| | 矿物掺和料 | | |
| 13 | 混凝土矿物掺合料应用技术规程 | DB11/T1029-2013 | 2014.02.01 |
| 14 | 用于水泥和混凝土中的粉煤灰 | GB/T1596-2005 | 2005.08.01 |
| 15 | 用于水泥和混凝土中的粒化高炉矿渣粉 | GB/T18046-2008 | 2008.07.01 |
| 16 | 矿物掺合料应用技术规范 | GB/T51003-2014 | 2015.02.01 |
| | 外加剂 | | |
| 17 | 混凝土外加剂定义、分类、命名与术语 | GB/T8075-2005 | 2005.08.01 |
| 18 | 混凝土外加剂 | GB8076-2008 | 2009.12.30 |
| 19 | 混凝土外加剂匀质性试验方法 | GB/T8077-2012 | 2013.08.01 |
| 20 | 混凝土外加剂中释放氨的限量 | GB18588-2001 | 2002.01.01 |
| 21 | 混凝土外加剂应用技术规范 | GB50119-2013 | 2014.03.01 |
| 22 | 混凝土膨胀剂 | GB23439-2009 | 2010.03.01 |
| 23 | 砂浆、混凝土防水剂 | JC474-2008 | 2008.12.01 |
| 24 | 混凝土防冻剂 | JC475-2004 | 2005.04.01 |
| 25 | 聚羧酸系高性能减水剂 | JG/T223-2007 | 2007.12.01 |
| 26 | 混凝土防冻泵送剂 | JG/T377-2012 | 2012.08.01 |
| 27 | 混凝土抗硫酸盐类侵蚀防腐剂 | JC/T1011-2006 | 2006.11.01 |
| 28 | 水泥砂浆防冻剂 | JC/T2031-2010 | 2011.03.01 |
| 29 | 混凝土外加剂应用技术规程 | DBJ01-61-2002 | 2002.07.01 |
| | 水 | | |
| 30 | 混凝土用水标准 | JGJ63-2006 | 2006.12.01 |
| | 骨料 | | |
| 31 | 普通混凝土用砂、石质量检验方法标准 | JGJ52-2006 | 2007.06.01 |

| 序号 | 文件名称 | 文件编号 | 启用日期 |
|---|---|---|---|
| 32 | 建设用砂 | GB/T14684-2011 | 2012.02.01 |
| 33 | 建设用卵石、碎石 | GB/T14685-2011 | 2012.02.01 |
| 34 | 人工砂混凝土应用技术规程 | JGJ/T241-2011 | 2011.12.01 |
| 35 | 再生骨料应用技术规程 | JGJ/T240-2011 | 2011.12.01 |
| | 混凝土 | | |
| 36 | 预拌混凝土 | GB/T14902-2012 | 2013.09.01 |
| 37 | 普通混凝土拌合物性能试验方法标准 | GB/T50080-2002 | 2003.06.01 |
| 38 | 普通混凝土力学性能试验方法标准 | GB/T50081-2002 | 2003.06.01 |
| 39 | 普通混凝土长期性能和耐久性能试验方法 | GB/T50082-2009 | 2010.07.01 |
| 40 | 混凝土强度检验评定标准 | GB/T50107-2010 | 2010.12.01 |
| 41 | 混凝土结构耐久性设计规范 | GB/T50476-2008 | 2009.05.01 |
| 42 | 预防混凝土结构工程碱集料反应规程 | GB/T50733-2011 | 2012.06.01 |
| 43 | 数值修约规则 | GB/T8170-2008 | 2009.01.01 |
| 44 | 混凝土结构设计规范 | GB50010-2010 | 2011.07.01 |
| 45 | 地下工程防水技术规范 | GB50108-2008 | 2009.04.01 |
| 46 | 混凝土质量控制标准 | GB50164-2011 | 2012.05.01 |
| 47 | 混凝土结构工程施工质量验收规范 | GB50204-2002（2011版） | 2004.04.01 |
| 48 | 地下防水工程质量验收规范 | GB50208-2011 | 2012.10.01 |
| 49 | 建筑工程施工质量验收统一标准 | GB50300-2001 | 2002.01.01 |
| 50 | 民用建筑工程室内环境污染控制规范 | GB50325-2010（2013版） | 2011.06.01 |
| 51 | 大体积混凝土施工规范 | GB50496-2009 | 2009.10.01 |
| 52 | 混凝土结构工程施工规范 | GB50666-2011 | 2012.08.01 |
| 53 | 建筑材料放射性核素限量 | GB6566-2010 | 2011.07.01 |
| 54 | 混凝土泵送施工技术规程 | JGJ/T10-2011 | 2012.03.01 |
| 55 | 建筑工程冬期施工规程 | JGJ/T104-2011 | 2011.12.01 |
| 56 | 早期推定混凝土强度试验方法 | JGJ/T15-2008 | 2008.09.01 |
| 57 | 补偿收缩混凝土应用技术规程 | JGJ/T178-2009 | 2009.12.01 |
| 58 | 混凝土耐久性检验评定标准 | JGJ/T193-2009 | 2010.07.01 |
| 59 | 回弹法检测混凝土抗压强度技术规程 | JGJ/T23-2011 | 2011.12.01 |
| 60 | 高强混凝土应用技术规程 | JGJ/T281-2012 | 2012.11.01 |
| 61 | 自密实混凝土应用技术规程 | JGJ/T283-2012 | 2012.08.01 |
| 62 | 清水混凝土应用技术规程 | JGJ169-2009 | 2009.06.01 |
| 63 | 普通混凝土配合比设计规程 | JGJ55-2011 | 2011.12.01 |
| 64 | 预拌混凝土质量管理规程 | DB11/385-2011 | 2011.12.01 |
| 65 | 预拌混凝土生产管理规程 | DB11/642-2009 | 2009.09.01 |
| 66 | 建设工程检测试验管理规程 | DB11/T386-2006 | 2007.02.01 |
| 67 | 建筑工程清水混凝土施工技术规程 | DB11/T464-2007 | 2007.07.01 |
| 68 | 建筑工程资料管理规程 | DB11/T695-2009 | 2010.04.01 |

| 序号 | 文件名称 | 文件编号 | 启用日期 |
|------|----------|----------|----------|
| 69 | 预防混凝土结构工程碱集料反应规程 | DBJ 01-95-2005 | 2005.08.01 |
| 70 | 回弹法、超声回弹综合法检测泵送混凝土强度技术规程 | DBJ/T70178-2003 | 2004.02.01 |
| 71 | 自密实混凝土设计与施工指南 | CCEC 02-2004 | — |
| 72 | 钻芯法检测混凝土强度技术规范 | CECS 03:2007 | 2008.01.01 |
| 73 | 高强混凝土结构技术规程 | CECS104:99 | 1999.06.30 |
| 74 | 高性能混凝土应用技术规程 | CECS207:2006 | 2006.11.01 |
|  | 设备、仪器 |  |  |
| 75 | 混凝土搅拌站（楼） | GB/T10171-2005 | 2006.01.01 |
| 76 | 混凝土振动台 | GB/T25650-2010 | 2011.03.01 |
| 77 | 混凝土搅拌机 | GB/T9142-2000 | 2000.08.01 |
| 78 | 行星式水泥胶砂搅拌机 | JC/T681-2005 | 2005.07.01 |
| 79 | 水泥胶砂试体成型振实台 | JC/T682-2005 | 2005.07.01 |
| 80 | 40mm×40mm水泥抗压夹具 | JC/T683-2005 | 2005.07.01 |
| 81 | 水泥胶砂震动台 | JC/T723-2005 | 2005.07.01 |
| 82 | 水泥胶砂试模 | JC/T726-1997 | 1998.04.01 |
| 83 | 水泥净浆标准稠度与凝结时间测定仪 | JC/T727-2005 | 2005.07.01 |
| 84 | 水泥标准筛和筛析仪 | JC/T728-2005 | 2005.07.01 |
| 85 | 水泥净浆搅拌机 | JC/T729-2005 | 2005.07.01 |
| 86 | 水泥安定性试验用雷氏夹 | JC/T954-2005 | 2005.07.01 |
| 87 | 水泥安定性试验用沸煮箱 | JC/T955-2005 | 2005.07.01 |
| 88 | 勃氏透气仪 | JC/T956-2005 | 2005.07.01 |
| 89 | 水泥胶砂流动度测定仪（跳桌） | JC/T958-2005 | 2005.07.01 |
| 90 | 水泥胶砂试体养护箱 | JC/T959-2005 | 2005.07.01 |
| 91 | 水泥胶砂强度自动压力试验机 | JC/T960-2005 | 2005.07.01 |
| 92 | 雷氏夹膨胀测定义 | JC/T962-2005 | 2005.07.01 |
| 93 | 混凝土试模 | JG237-2008 | 2009.03.01 |
| 94 | 混凝土标准养护箱 | JG238-2008 | 2009.03.01 |
| 95 | 混凝土试验用搅拌机 | JG244-2009 | 2009.12.01 |
| 96 | 混凝土抗冻试验设备 | JG/T243-2009 | 2009.12.01 |
| 97 | 混凝土试验用振动台 | JG/T245-2009 | 2009.12.01 |
| 98 | 混凝土含气量测定仪 | JG/T246-2009 | 2009.12.01 |
| 99 | 混凝土碳化试验箱 | JG/T247-2009 | 2009.12.01 |
| 100 | 混凝土抗渗仪 | JG/T249-2009 | 2009.12.01 |
| 101 | 维勃稠度仪 | JG/T250-2009 | 2009.12.01 |
| 102 | 混凝土氯离子电通量测定仪 | JG/T261-2009 | 2010.06.01 |
| 103 | 混凝土加速养护箱 | JG/T3027-1995 | 1996.05.01 |

# 参考文献

[1] 葛兆明等. 混凝土外加剂 [M]. 北京: 化学工业出版社, 2012.

[2] 张巨松等. 混凝土学 [M]. 哈尔滨: 哈尔滨工业大学出版社, 2011.

[3] 吴中伟等. 高性能混凝土 [M]. 北京: 中国铁道出版社, 1999.

[4] 韩小华, 李玉琳. 新拌混凝土单位用水量快速测定方法的试验研究 [J]. 北京: 混凝土世界, 2010.

[5] 韩小华, 廉慧珍. 当前我国预拌混凝土配合比设计现状与改进方向 [J]. 北京: 混凝土世界, 2011.

[6] 徐永模. 混凝土拌和物配合比设计点评 [J]. 混凝土世界, 2009, 第三期: 39.

[7] 塔特索尔 G h, 陈连英, 杜效栋, 译. 混凝土工作性 [M]. 北京: 中国建筑工业出版社, 1983.15–20.

[8] 吴中伟, 廉慧珍. 高性能混凝土, 中国铁道出版社 [M]. 1999. 140–180.

[9] 覃维祖. 结构工程材料 [H]. 北京: 北京清华大学出版社, 2000. 86–87.

[10] 廉慧珍, 李玉琳. 对当代混凝土配合比要素的选择和配合比计算方法的建议—关于混凝土配合比选择方法的讨论之二 [J]. 混凝土, 2009, 第五期: 15–19.

[11] 刘英利. 泵送混凝土配合比设计方法二零零五年北京混凝土技术交流会论文集 [C]. 北京: 北京市混凝土协会, 2005.47.

[12] 张汉君. 混凝土配合比设计方法探讨二零零五年北京混凝土技术交流会论文集 [C]. 北京北京市混凝土协会, 2005.83.

[13] 李慧剑. C40自密实高性能混凝土性能研究与配合比预测 (硕士学位论文) [D]. 河北: 燕山大学, 2001.

[14] 韩素芳等. 混凝土质量控制手册 [M]. 北京: 化学工业出版社, 2011.